SDGs 時代の

持続学のすすめ

あてになる人間への挑戦

行本 正雄 【編著】

古澤 礼太・工藤　 健
上野　 薫・金政　 真
吉村 和也・山羽　 基 【共著】
平沢 太郎・河内 信幸
羽後 静子・伊藤 守弘
藤丸 郁代

コロナ社

執筆分担

行本《ゆくもと》 正雄《まさお》（中部大学 工学部）：まえがき，5章，あとがき

古澤《ふるさわ》 礼太《れいた》（中部大学 国際ESD・SDGsセンター）：1章

工藤《くどう》　健《たけし》（中部大学 工学部）：2章

上野《うえの》　薫《かおる》（中部大学 応用生物学部）：3章

金政《かなまさ》　真《しん》（中部大学 応用生物学部）：コラム3.1

吉村《よしむら》 和也《かずや》（中部大学 応用生物学部）：コラム3.2

山羽《やまは》　基《もとい》（中部大学 工学部）：4章

平沢《ひらさわ》 太郎《たろう》（中部大学 工学部）：コラム4.1

河内《かわうち》 信幸《のぶゆき》（中部大学 国際関係学部）：コラム5.1

羽後《はのち》 静子《せいこ》（中部大学 国際関係学部）：6章

伊藤《いとう》 守弘《もりひろ》（中部大学 生命健康科学部）：7章

藤丸《ふじまる》 郁代《いくよ》（中部大学 生命健康科学部）：8章

（執筆順，所属は2020年1月現在）

まえがき

グローバル化する知識基盤社会の中で，人類が抱えるさまざまな社会問題はより多様化・複雑化が進み，その解決にはより学際的アプローチが重要となる。このような状況下において，国連は将来世代のニーズを満足する能力を損なうことなく現在世代のニーズを満足する開発，すなわち持続可能な開発（発展）を提案し，持続可能な社会を構築する必要性を訴えた。また，その障害となる多様で複雑な問題を解決し，地球を包括的・総合的な視点から考え理解することが重要であり，そのためには教育や世界観を変革する必要があるとした。

そこで，日本は 2002 年の第 57 回国連大会で，環境的視点，経済的視点，社会・文化的視点から，より質の高い生活と，次世代も含むすべての人々にもたらすことができる開発や発展を目指し，持続可能な未来や社会構築のために行動できる人を育成することを目的とした「持続可能な開発（発展）のための教育」（ESD：Education for Sustainable Development）の提案を行った。そして国連は，2005 年から 2014 年までを国連「ESD の 10 年」と位置付け，世界各地で国や地域独自の協働的な取り組み「持続可能な社会づくり」を推進してきた。

その後，昨今の景気低迷や環境問題に追い討ちをかけるように，東日本大震災によって日本はこれまで経験したことのない大きな苦難に直面し，私たちは未来への希望を失いかけていた。希望ある未来を創造するためには，さまざまな専門を融合させ，多様化する課題を解決していかなければならない。そのため，近年，社会が求める学生像は大きく変化し，大学が輩出する学生には，社会人としての基礎力・教養・専門知識の活用力，さらには人間性が求められ，地域社会における大学の役割も，地域のリーダー的存在から「優れた人材育成の場」と変わりつつある。いまこそ「あてになる人間」が社会で求められる。

「持続学のすすめ」とは，この「あてになる人間」を育成するために，既存の学問を伝授するだけでなく，学生がそれぞれの能力や立場から「未来への希望」を描き，実践できるようになるための「生きる力」を養うことである。

社会の持続的発展とは何か，その実現のために何を学び，何を考えるか，自問自答しながらその答えを探し，どんな行動ができるかを学習する。それがESDである。ESDでは，持続可能な社会の構築に向けて，専門分野の知識を身につけるだけではなく，関連する学際研究や教養・文化・情報を学ぶことが大切であり，自分の専門分野を探求する意義を考えることが重要になる。このESDの精神は，2015年9月の国連サミットにおいて，地球を保護し，すべての人々が平和と豊かさを享受できるようにすることを目指す行動目標として採択された「持続可能な開発目標」（SDGs：Sustainable Development Goals）に引き継がれている。現代社会の多様性に対してESDとSDGsの多面的な考え方を身につけ，環境問題と一言でくくることのできない社会問題や人間関係について議論していくことこそが，「持続学のすすめ」であるともいえる。

本書は，「持続学のすすめ」の実現を目指して，工学部，応用生物学部，生命健康科学部，国際関係学部のさまざまな専門の教員らで執筆をした。読者の皆さん，あてになる人間への挑戦として，「持続学のすすめ」をともに学んでいきましょう。

2020年1月

行本 正雄

カバーデザインの花：アルストロメリア（花言葉：持続，未来へのあこがれ）

目　　次

1. SDGs 時代における ESD の役割

2. 地球と生命 40 億年の持続

3.　安心して暮らせる生態系サービスの持続

4.　住宅・建築の省エネルギーと持続

5. 資源循環と持続

6. 経済のグローバル化時代における民主主義・人権の行方

7. “人（ひと・ヒト）”が生きる・生活するための持続

8.　健康・ライフスタイルと持続

1. SDGs時代におけるESDの役割

持続学のすすめ

本章では，「持続可能な開発（発展）」を実現する人材の育成について考えてみたい。国連は，2005年から2014年までの10年間を国連「ESDの10年」と定め，地球規模でESDの取り組みを進めてきた。「ESD」とは，英語のEducation for Sustainable Developmentの頭文字をとったもので，日本語では「持続可能な開発（発展）のための教育」と訳される。

国連「ESDの10年」は，2014年の最終年会合「ESDに関するユネスコ世界会議」（愛知県名古屋市）開催をもって終了したが，ESDはその後，**持続可能な開発目標**（SDGs：Sustainable Development Goals）に継承されていく。SDGsとは，国連が2016年から2030年までに取り組む「国連 持続可能な開発のための2030年アジェンダ」の中で設定した17の達成目標である。本章では，「持続可能な開発（発展）」の考え方が国際的に論じられるに至った経緯，ESDの取り組みを紹介し，SDGs時代におけるESDの役割と「持続学のすすめ」への展開を考えてみたい。

1.1 「持続可能な開発（発展）」とは何か

「持続可能な開発（発展）」の概念は，1987年に国連の有識者会議である「環境と開発に関する世界委員会」において定義された。この委員会は委員長を務めたノルウェー首相のグロ・ハーレム・ブルントラント女史の名前をとって，通称「ブルントラント委員会」と呼ばれている。

ブルントラント委員会の成果は，『Our Common Future』という題名の報告書で発表された[1)†]。この報告書の中で，「持続可能な開発（発展）」とは，「将来

---

† 肩付き番号は，各章末の引用・参考文献番号を示す。

の世代のニーズを満たす能力を損なうことなく，今日の世代のニーズを満たすような発展」だと定義された。現世代の生活充足のためだけに地球上のさまざまな資源を使い切って，次世代の生存が困難となるような自然環境の悪化や資源の枯渇を引き起こす経済成長は，長期的に見たときに，人類の発展にならないと結論づけられたためである。そこには，同世代に生きる人々の間の不平等（貧富の差など）のみならず，世代を超えた人々の不平等（世代間不平等）が生じるという考え方が根底にあった。

持続可能な開発（発展）は，英語で sustainable development の訳語であるが，この訳語には若干の注意が必要である。

まず，英語の sustainable は，「持続可能」と訳されるが，物事が続く（あるいは，継続できる）という意味だけではなく，「持ちこたえる」という意味を含む。このままでは人類が生き延びるための基盤である地球そのものが「持ちこたえられなくなる」という強い危機意識がこの語に込められている。

つぎに，development という単語は，一般的に「発展」と訳される場合が多いが，日本政府は sustainable development の訳語として「持続可能な開発」を用いている。これは環境破壊が過度な開発によってもたらされたことに起因する。それゆえに，持続可能な開発とは，「持ちこたえることができるような開発」を指す。

しかし，ブルントラント委員会以降，単に自然環境保全と経済開発の問題だけではなく，社会や文化の発展も持続可能な開発（発展）問題として論じられるようになった。今日では，持続可能な開発（発展）は，「環境，社会，経済の調和のとれた発展（統合的発展）」であるとする国際的な共通認識がある。

この場合，development は，「開発」よりも広い「発展」の意味で用いられている。経済開発のスピードを緩めたり，開発そのものをいったん止めることも含めて人類社会の発展を考える場合，「開発」よりも「発展」と訳したほうが適切であろう。

さらに，「開発」という訳語を使うと，持続可能な開発（発展）が，開発途上国のみを対象とした課題であるといった印象を与えかねない。そうではなく，先進国も開発途上国も一緒になって目指すべきものが，持続可能な発展なのである。そのため，本章では「開発」と「発展」を併記することとする。

1.2 ESDのなりたち

1987年に「持続可能な開発（発展）」という概念が定義されるに至るまでには前史がある。

1972年に，スウェーデンのストックホルムで開催された**人間環境会議**（通称：ストックホルム会議）は，環境と開発の問題について，国際社会が本格的に議論した初めての会議であった。その背景には，工業化に伴う世界各地の環境問題があった。日本でも，1950年代から1960年代にかけて，四大公害病と呼ばれたイタイイタイ病，水俣病，新潟水俣病，四日市喘息が大きな社会問題となった。

人間環境会議では，環境問題が，広く人間居住環境の問題として捉えられた。そのため，有害物質の排出規制や海洋汚染の防止などの自然環境問題のみならず，都市化や人口政策にも議論が及んだ。その成果として，『**人間環境宣言**』が採択された。ここで，過度の開発による環境破壊が人類に対する脅威であることが指摘され，国際的な取り組みの推進が宣言された。そして，宣言を実行するため，国連で環境問題を専門的に扱う**国連環境計画**（UNEP）がケニアのナイロビに設立された。

この会議を記念して，その後，10年ごとに環境と開発に関わる大規模な国際会議が開催されている（**表1.1**）。このことからも，人間環境会議がいかに重要な国際会議であったかを知ることができる。

人間環境会議から10年後の1982年には，「**国連環境計画管理理事会特別会合**」が開催され，先述のブルントラント委員会の設置が提案された。日本も提案国の一つであった。

人間環境会議から20年後の1992年には，ブラジルのリオデジャネイロで「**環境と開発に関する国連会議**（通称：地球サミット）」が開催された。世界

表 1.1　10 年ごとに開催された環境と開発に関する主要会議

開催年	会議名	通　称	主たる成果
1972	国連人間環境会議	ストックホルム会議	国連環境計画（UNEP）の設立
1982	国連環境計画管理理事会特別会合	ナイロビ会議	「環境と開発に関する」世界委員会（ブルントラント委員会）設置の提案と実現（1984 ～ 1987 年）
1992	環境と開発に関する国際連合会議	リオ・サミット（地球サミット）	地球温暖化枠組条約および生物多様性条約の制定
2002	持続可能な開発に関する世界首脳会議	ヨハネスブルグ・サミット	国連「ESD の 10 年」開始の提案と実現（2005 ～ 2014 年）
2012	国連持続可能な開発会議	リオ + 20	グリーン経済政策のガイドライン制定，「持続可能な開発目標」(SDGs) 開始に向けた検討と実現（2016 ～ 2030 年）

172 か国の代表者を含む，のべ 4 万人以上の参加者を得た国連史上最大規模の会議となった。

地球サミットのおもな成果は，① 成果文書『アジェンダ 21』の採択，② 環境保全のための国際条約の締結，③ 世代間公平の考え方の普及，の三つが挙げられる。

成果文書『アジェンダ 21』は，持続可能な開発（発展）を実現するための行動計画である。そこには，開発資源の保護と管理に関する実施手段などが書きこまれた。特筆すべき点は，『アジェンダ 21』の 36 章に，持続可能な開発（発展）の実現のために教育が重要であることが記されたことであり，これが ESD の起源となった。

地球サミットでは，のちに「双子の条約」と呼ばれるようになる国際条約が採択・書名された。**生物多様性条約**と**気候変動枠組み条約**である。生物多様性条約とは，急激な生物種の減少を食い止めるための国際条約である。気候変動枠組み条約は，地球温暖化などの気候変動への国際的な対策を講じるための条約である。

また，地球サミットは，「**世代間公正**」の考え方を世に広めることに貢献した。一躍脚光を浴びたのは，日系カナダ人の少女セヴァン・スズキである。当時12歳であったセヴァン・スズキは，地球サミットの場において，各国代表を前に，果てしない欲と経済開発によって地球環境を破壊し続ける大人たちを鋭く批判した。その一節は以下のようなものである。

まだ子どもの私には，解決方法がわかりません。けれども，あなたたち大人に気づいてほしいのは，あなたたちも解決方法をもっていないということです。オゾン層に開いた穴をどうやって直すのか，あなたは知らないでしょう。死んだ川にどうやってサケを呼び戻すのか，あなたは知らないでしょう。絶滅してしまった動物をどうやって取り戻すことができるか，あなたは知らないでしょう。そして，今や砂漠となってしまった場所をどうやって森に戻すのか，あなたは知らないでしょう。

もし，どうやって直すのか知らないならば，お願いします，壊し続けるのはやめてください。

セヴァン・スズキのスピーチは，発展途上国の貧困や飢餓など，同世代に生きる人々の不平等を指摘するのみならず，大人たちが，環境破壊や資源の乱開発などによって将来世代が安心して暮らす権利を奪っている世代間の不平等を指摘した。このことによって，持続可能な開発（発展）には，「世代間公正」の考え方が不可欠であることが広く理解されるようになった。

そして，さらに10年後の2002年に，南アフリカのヨハネスブルグで**持続可能な開発に関する世界首脳会議**（通称：ヨハネスブルグサミット）が開催された。このサミットで，「持続可能な開発（発展）のための教育」（ESD）を，国連の10年プロジェクトとして取り組むことが提案された。提案国は日本である。そして，同年の国連総会において，2005年から2014年までを「国連ESDの10年」と定めることが全会一致で採択された。

地球サミット開催から20年後の2012年には，「国連持続可能な開発会議（通称：リオ＋20）」が開催された。この会議では，環境保全と経済成長の両立が中心的議題となり，**グリーン経済**（green economy）という概念が登場した。

グリーン経済とは，「環境問題に伴うリスクと生態系の損失を軽減しながら，人間の生活の質を改善し社会の不平等を解消するための経済のあり方」を指す[2)]。

また，後述する国連の「持続可能な開発目標」（SDGs）の実施に向けた，政府間交渉プロセス立ち上げの合意に至ったのもリオ＋20であった。

1.3 国連「ESDの10年」の開始

国連「ESDの10年」とは，国連が10年間かけて集中的に取り組む「国連の10年」（「国際の10年」とも呼ばれる）プロジェクトの一つである。国連は，「国連の10年」を通じて，それぞれの時代における重要な課題に取り組んできた（**表1.2**）。1970年代には「軍縮の10年」，1980年代には「アフリカのための工業開発10年」などが実施された。国連「ESDの10年」の開始は，ESDが人類社会存続のための主要な21世紀の課題として国際的に認識されたことを意味していた。

表1.2　国連（国際）の10年の例

実施年	国連（国際）の10年
2021～2030年	持続可能な開発のための海洋科学の国際の10年
2019～2028年	国連家族農業の10年
2018～2028年	国際行動の10年「持続可能な開発のための水」
2016～2025年	栄養に関する行動の10年
2015～2024年	アフリカ系の人々のための国際の10年（2015-2024）
2014～2024年	すべての人のための持続可能なエネルギーの国連の10年
2014～2024年	国連生物多様性に関する10年
2010～2020年	国連砂漠と砂漠化に反対するための10年
2005～2015年	「命のための水」国際の10年（2005年3月22日から）
2005～2014年	**国連ESDの10年**
2003～2012年	国連識字の10年：すべての人に教育を
2001～2010年	世界の子どもたちのための平和の文化と非暴力のための国際の10年
1997～2006年	貧困撲滅のための国連の10年
1995～2004年	国連人権教育の10年

表 1.2　国連（国際）の 10 年の例（つづき）

実施年	国連（国際）の 10 年
1994 ～ 2004 年	世界の先住民の国際の 10 年
1991 ～ 2000 年	国連薬物乱用に反対するための 10 年
1990 ～ 2000 年	植民地撤廃のための国際の 10 年
1990 ～ 1999 年	国際防災の 10 年
1988 ～ 1997 年	世界文化的発展のための 10 年
1983 ～ 1992 年	国連障害者のための 10 年
1981 ～ 1990 年	飲料水の供給と衛生のための国際の 10 年
1980 年代	アフリカのための工業開発の 10 年
1978 ～ 1988 年	アフリカにおける交通とコミュニケーションの 10 年
1976 ～ 1985 年	国連女性のための 10 年：平等，開発，平和
1973 ～ 1983 年	人種主義および人種差別と闘う 10 年
1970 年代	軍縮の 10 年
1960 ～ 1970 年	国連開発の 10 年

では，ESD の教育とはどのようなものか。ESD は，「環境，社会，経済」の調和のとれた発展を目指す人材の育成である。それゆえに，対象とする分野は広く，学ぶべきテーマは多い。環境破壊を食い止めるための環境学習や，貧困・飢餓などの問題解決を目指す開発教育のみならず，防災や文化の学習も含まれる（**図 1.1**）。

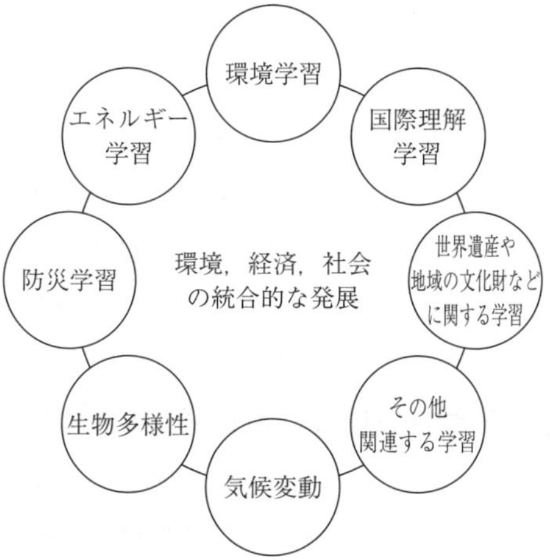

図 1.1　ESD の基本的な考え方（知識，価値観，行動など）[3)]

日本ユネスコ国内委員会によると，「ESDにおいては，環境，平和や人権などのさまざまな課題への取り組みをベースにしつつ，環境，経済，社会，文化の各側面から学際的かつ総合的に取り組むことが重要である」とされている[3)]。

また，日本におけるESDの国内実施計画には，ESDの目標が以下のように記されている[4)]。

・すべての人が質の高い教育の恩恵を享受すること

・持続可能な開発のために求められる原則，価値観及び行動が，あらゆる教育や学びの場に取り込まれること

・環境，経済，社会の面において持続可能な将来が実現できるような価値観と行動の変革をもたらすこと

2002年のヨハネスブルグサミットにおいて，日本政府が国連「ESDの10年」の実施を提案した際，当時の首相であった小泉純一郎氏は，資源のない日本が発展した大きな要因の一つとして教育の重要性を挙げている[5)]。すべての人が質の高い教育の恩恵を享受することは，開発途上国と先進国にとって同様に重要な課題である。

持続可能な開発に求められる原則や価値観をもつためには，まず，持続不可能な現状を認識しなければならない。グローバル/ローカルなさまざまな課題を知り，理解を深め，それらを自らの問題として捉えることが，解決に向けた行動への第一歩となる。

ESDが目指す発展は，環境・社会・経済の調和のとれた発展であるため，例えば，環境学習を行うことだけがESDではない。経済発展と環境保全の矛盾や，文化や価値観の違いによる目指すべき社会像の違いなどに向き合い，解決策を見つけることができる人材を育成することこそがESDの目標である。

1.4 日本の公教育におけるESDの推進

日本の公教育におけるESDの推進は，学校教育の「総合的な学習の時間」や各教科の中で進められている。とりわけ，**ユネスコスクール**（正式名称：

ASPnet. School, ユネスコスクールは日本だけの通称・愛称）の認定を受けた学校では，積極的に ESD を取り入れた教育が進められている。ユネスコスクールとは，ユネスコ憲章に示されたユネスコの理念を実現するための国際的ネットワーク ASPnet（UNESCO Associated Schools Project Network）の加盟校を指す。ユネスコ憲章の前文には，「戦争は人の心の中で生まれるものであるから，人の心の中に平和のとりでを築かなければならない」と記されており，教育による世界平和の実現を宣言している。日本国内では，ESD が持続可能で平和な社会を実現する方法として解釈されるようになった。

そのため，日本のユネスコスクールでは，とりわけ ESD 活動に力を注いでいる。国連「ESD の 10 年」の開始以降，ユネスコスクールの数は急激に増え，2018 年 10 月時点で 1 116 校となった日本の加盟校数は世界最多である[6)]。

他方，大学では，持続学やサステナビリティ学などと呼ばれて ESD が推進されている。これらの多くは，分野横断型の総合的・学際的研究や講義によって進められている。さらに，先端科学技術の重要性も見逃せない。省エネ技術をはじめとするあらゆる分野における環境配慮型製品開発も ESD の一環といえる。

持続可能な開発（発展）は，学校や大学だけで学ぶものではなく，社会全体で取り組むことによって実現を目指すべきものだ。そのために，国連は多様な主体・利害関係者（マルチ・ステークホルダー）の参加による ESD の推進を推奨している。その代表的な取り組みは，国連大学が推進する ESD の地域拠点プロジェクト（RCE：Regional Centres of Expertise on ESD）である（**図 1.2**）。

RCE を直訳すると「ESD に関する地域の専門的知識の拠点」である。ここでいう専門的知識とは，大学のような高等学術機関や研究所の専門的知識だけではなく，地域の課題を熟知した市民団体や NGO などの知識も含まれる。国連大学は，公教育とそれ以外の教育の場の連携を図る ESD ネットワークを有する地域を RCE として認定している。2019 年時点では，世界の 168 地域が RCE に認定されており，日本にも七つの RCE が存在する（北から，RCE 北海

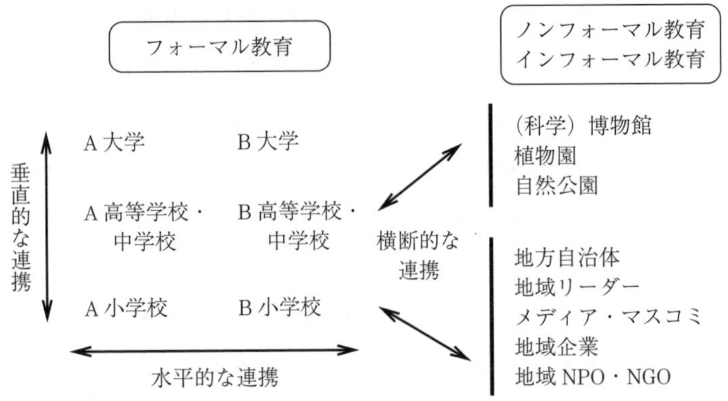

図1.2　RCEの概念図[7)]

道道央圏，RCE仙台広域圏，RCE横浜，RCE中部（愛知県・岐阜県・三重県），RCE兵庫神戸，RCE岡山，RCE北九州）。

世界各地のRCEには，いずれも地域の大学の加盟が求められるが，それぞれに異なる形態で運営されている。例えば，日本では，RCE岡山，RCE横浜，RCE北九州は，市役所を中心としたRCEの運営を行っている。他方，RCE仙台広域圏，RCE兵庫神戸，RCE中部，RCE北海道道央圏は，大学やNPOが中心となってRCE活動を展開している。

では，具体的にどのようにマルチ・ステークホルダーの参加によるESD活動が実施されているのだろうか。ここでは，RCE中部の例を紹介する。

RCE中部（中部ESD拠点）は，中部大学が幹事機関となり，中部大学と名古屋大学の総長が共同代表を務めている。

活動対象地域を「伊勢・三河湾流域圏」と呼ばれる自然条件によって区切った範囲と定めている。伊勢・三河湾流域圏とは，東海・中部地域の3県（愛知県・岐阜県・三重県）をまたぐ，伊勢湾と三河湾に注ぎ込むすべての河川の流域を指す。流域圏を一つの地域単位として捉えることで，行政区分では対応できない広域にわたる環境問題や社会・文化・経済的背景を理解し，地域の持続可能性をより深く考えようとする試みである[8)]。

RCE中部は，各河川流域の上流・中流・下流にある地域課題を総合的に理解して，マルチ・ステークホルダーの参加によってそれらの課題の解決を目指している。その一つの活動が「伊勢・三河湾流域圏ESD講座」である。主要12河川の上流・中流・下流のそれぞれの地域課題を，現場で，地元のNPO，企業，学校などと連携して学ぼうという講座である。上流域における過疎化や森林の課題から，中流域における農業やまちづくり，そして下流域の都市化や貧困問題など，環境・社会・経済に関わるさまざまなテーマを取り上げている。

以上をまとめると，ESDは，さまざまな違いや分断を超えた総合的な教育活動であるといえる。その特徴は以下のようなものである。

・環境・社会・経済の調和のとれた発展を目指す教育・学習
・グローバルとローカルの両側面で取り組む教育・学習
・公教育とそれ以外の場での学びの連携による教育・学習
・マルチ・ステークホルダーの協働による教育・学習
・国家間，地域間など異なるレベルでの連携による教育・学習
・自然環境や文化の多様性を尊重して連携を促す教育・学習

である。このように，ESDは，人類全体が地球市民として連携することで持続可能な開発（発展）の実現を目指す実践活動なのである。

1.5 国連SDGsの開始

国連「ESDの10年」は2014年に終了したが，ESD活動はその後，2016年から国連が新たに開始した「持続可能な開発目標」（SDGs）への貢献に向けて継続している。

SDGsは，17の国際目標を達成することで，環境，社会，経済の諸問題が引き起こす困難から「誰一人取り残さない（leave no one behind）」社会の実現を目指す。

SDGsの特色は，国連が2000年から15年間実施した過去の開発目標である**ミレニアム開発目標**（MDGs：Millennium Development Goals）との比較から

見てとれる。MDGsでは，2000年から2015年までに達成すべき八つの目標が掲げられていた。

1. 極度の貧困と飢餓の撲滅
2. 普遍的な初等教育の達成
3. ジェンダー平等の推進と 女性の地位向上
4. 乳幼児死亡率の削減
5. 妊産婦の健康の改善
6. HIV/エイズ，マラリア，その他の疾病のまん延防止
7. 環境の持続可能性を確保
8. 開発のためのグローバルなパートナーシップの推進

これらのゴールの多くは，開発途上国における主要課題であり，MDGsは，途上国支援の色彩が濃かった。また，MDGsには，環境や経済面での取り組みが不十分であったとする反省がある。

SDGsは，MDGsの後継事業である。SDGsでは，開発途上国と先進国がともに取り組む人類全体の課題として17の目標が設定された（**図1.3**）。

1. 貧困をなくそう
2. 飢餓をゼロに
3. すべての人に健康と福祉を
4. 質の高い教育をみんなに
5. ジェンダー平等を実現しよう
6. 安全な水とトイレを世界中に
7. エネルギーをみんなに　そしてクリーンに
8. 働きがいも 経済成長も
9. 産業と技術革新の基盤をつくろう
10. 人や国の不平等をなくそう
11. 住み続けられるまちづくりを
12. つくる責任　つかう責任
13. 気候変動に具体的な対策を

図 1.3　SDGs の 17 の目標[9]

14. 海の豊かさを守ろう
15. 陸の豊かさも守ろう
16. 平和と公正をすべての人に
17. パートナーシップで目標を達成しよう

SDGs のゴールには，MDGs で十分に達成できなかった貧困や飢餓の問題など，途上国を中心として未だ解決されていない深刻な課題に加えて，エネルギー問題，気候変動対策，平和など，とりわけ先進国にその大きな責任がある地球規模の課題が多く盛り込まれた。以下で，SDGs で重視すべき 2 点を挙げる。

ここで重要なのは，第 1 に，これらのゴールが相互に関連していることである。国連が 2016 年から 2030 年までに取り組む「国連 持続可能な開発のための 2030 年アジェンダ」の序文において SDGs は，「持続可能な開発（発展）を，経済，社会および環境というその三つの側面において，バランスがとれ，統合された形で達成することにコミットしている」と明記されている[10]。経済開発を重視するあまり，自然環境を犠牲にしてきたことは歴史的に確かだが，例えば，環境保護だけに特化した自然保護区の設定のような取り組みが，先住民の生業を規制して，文化的価値を破壊する場合もある。SDGsの特色は，17目標の相互関連を理解した上で，「誰一人取り残さない」社会をめざす点にある。

第2に，SDGsは，マルチ・ステークホルダーの参加による取り組みである。SDGsの実施案は，国連加盟国や国際機関のみならず，民間企業，市民社会，研究者等の多様なステークホルダーが関わって提案・採択された。

こうした国際的な取り組み目標の設定における市民社会の参加は重要である。行き過ぎた経済至上主義への批判や，それを支える企業や国家の動向を監視する役割をNGOなどの市民社会が担うことができるからだ。市民社会の参加がESDの推進においても重要な役割を果たすことは先に見たとおりであるが，SDGsの目標達成においても重要なステークホルダーである。

SDGsの開始に伴って注目すべき点は，企業や経済界がSDGsに高い関心を示していることだ。その理由の一つは，投資家たちの行動にある。近年では，企業活動における環境破壊や人権侵害などの負の要素を投資家たちが嫌うようになってきており，そうした企業への投資をやめる**投資撤退**（ダイベストメント）（divestment）が起きているのだ。

他方，持続可能性を考慮した企業への投資は，**ESG投資**（ESG investment）と呼ばれ，その額は年々増加している（**図1.4**）。ESG投資とは，環境

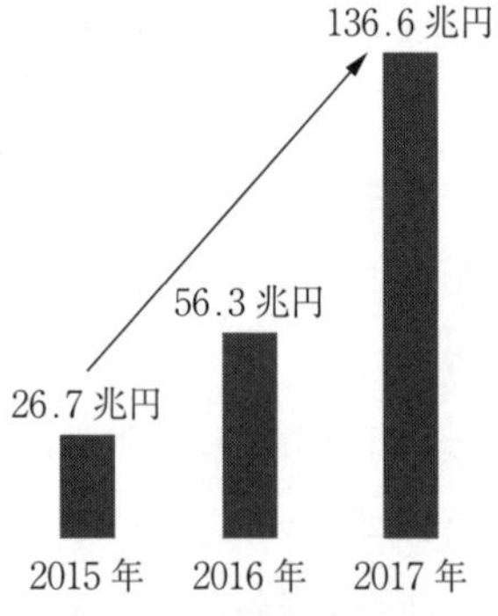

図1.4　日本国内ESG投資合計額の推移[11)]

(environment)，社会（social)，企業統治（governance）に配慮している企業を選別して行う投資である。近年まで，持続可能な発展（開発）の概念は，企業活動を規制・抑制する側面があったために企業や経済界から敬遠されがちであったが，消費者の意識変革は投資家の行動に変革をもたらし，その結果として状況は変わりつつある。

1.6 SDGs 達成に向けた ESD の役割

ESD は，SDGs にどのように貢献できるのだろうか。ユネスコは国連「ESD の 10 年」の成果を発展させるために，2015 年から 2019 年までに「ESD に関する**グローバル・アクション・プログラム**（GAP：Global Action Program)」を実施してきた。ESD に取り組む世界約 400 団体がこの活動に参加した。GAP 終了後の課題は，SDGs に対する ESD の貢献である。ユネスコは，2019 年 11 月に開催された第 40 回ユネスコ総会において，ESD による SDGs の達成に向けた新たなプロジェクト「ESD for SDGs」を 2020 年から 2030 年までに実施することを決定した。

ESD は，環境・社会・経済に関わるさまざまな課題を取り扱う。それゆえに，対象分野が広すぎて全体像を可視化することが難しかった。しかし，SDGs の 17 の目標で具体的な課題が設定されたことにより，ESD が対象とすべき課題が一般社会に理解されやすくなった。

SDGs の 17 の目標達成には，それぞれの課題に関する現状の把握，原因の追究，解決策の検討などの調査研究や学びが不可欠である。それゆえ，ESD は SDGs の達成に欠くことのできない要素であるといえる。とりわけ，ESD でこれまでに取り組まれてきた，学際的研究や学習者の総合的な判断能力の育成は，国連が SDGs の達成に向けたゴールの相互関連を学ぶ上で重要な役割を果たすだろう。

1.7 持続学への期待

持続可能な発展（開発）は，経済成長至上主義による弊害として立ち現れた地球規模の課題を解決して，将来世代にわたって人類が充実した暮らしを維持できるような社会の実現である。その根底には，短絡的な開発によって引き起こされた環境破壊のしっぺ返しや，経済格差などによる社会の不安定があった。

SDGsは，15年間でゴールの達成を目指す。しかし，人と自然，人と人の共生や和解は容易に実現できるものではない。なぜならば，地球上には多様な自然環境と，そこから生まれた多様な文化が存在するからである。多様な文化は異なる価値観を生み，相互理解を難しくすることもある。しかし，人類はこうした多様性によって発展してきたことも忘れてはならない。持続学を学ぶ諸子への期待は，いかに多様性を尊重しながら，地球市民として共通課題に取り組んでいけるかという問いへの答えを，文系・理系の垣根を越えて解き明かしてもらうことである。

引用・参考文献

1) 国連 環境と発展に関する世界委員会：『我ら共有の未来』（原題 Our Common Future）（1987）
2) 国際連合 環境計画：『グリーン経済報告書』（2011）
3) 文部科学省：「ユネスコ国内委員会－ESD（Education for Sustainable Development）」，
http://www.mext.go.jp/unesco/004/1339970.htm　（2019年3月1日現在）
4) 「国連持続可能な開発のための教育の10年」関係省庁連絡会議：『我が国における「国連持続可能な開発のための教育の10年」実施計画』（2006）
5) 外務省：「ヨハネスブルグ・サミット　小泉総理大臣　内外記者会見」（2002年），
https://www.mofa.go.jp/mofaj/gaiko/kankyo/wssd/koizumi_speech.html

（2019 年 12 月 19 日現在）
6） 文部科学省：「ユネスコ国内委員会－ユネスコスクール」，
http://www.mext.go.jp/unesco/004/1339976.htm （2019 年 3 月 1 日現在）
7） 望月要子 監訳・編集：『RCE－ESD に関する地域の拠点 5 年間の歩み』，国連大学高等研究所（2010）
8） 古澤礼太：『持続可能な発展への挑戦：中部 ESD 拠点が歩んだ国連 ESD の 10 年』，風媒社（2019）
9） 国際連合広報センター：SDGs のロゴ，
https://www.unic.or.jp/activities/economic_social_development/sustainable_development/2030agenda/sdgs_logo/ （2019 年 3 月 1 日現在）
10） 国際連合：『我々の世界を変革する：持続可能な開発のための 2030 アジェンダ』（原題 Transforming our world：the 2030 Agenda for Sustainable Development）（2015）
11） 日本サステナブル投資フォーラム：『日本サステナブル投資白書 2017』（2018）

2.　地球と生命 40 億年の持続

本章では全地球史を含む時間スケール，および地球を取り巻く宇宙を含む空間スケールで「生命の持続」について考える。私たちはどこから来て，どこへ行こうとしているのか。137 億年の歴史をもつ宇宙の中で地球が誕生して 46 億年，最初の生命が誕生してから 40 億年以上の歳月が流れた。生命は，時には地球の大事件や環境の急変に巻き込まれ姿を消し，時には進化することによって新たな生存の方法や場所を模索してきた。そして私たちがいま自らの中に預かっている命は，地球生命誕生の日から現在まで，一度も途切れることなく受け継がれてきた「奇跡のバトン」なのである。

さらに私たち人類は，「知的生命体」などと称される知性をもった生き物にまで進化をとげた。自らの成り立ちを問うべく哲学や科学を始めるとともに，自らの将来を「心配」し始めた。現代に至っては，まだ見ぬ「将来世代」までをも視野に入れ，私たちを育んできた地球環境や社会環境の終焉を予感しつつ，「持続可能」な世の中を模索する存在となった。そして地球の外にまで生存の場を広げようとしている。広い宇宙を見渡しても，このような営みをする生命体を，私たちはまだ私たち自身しか知らない。私たちがいまここに存在すること自体が，宇宙の歴史上の奇跡なのである。

2.1　地球と生命の共進化　— 40 億年間持続した命のバトンタッチ —

地球に残された化石の証拠は，地球の過去に生物が存在したことを物語るだけではない。それらを生きていた時代順に並べてみることによって，単純で原始的な生物から複雑で高等な生物へと変化してきた様子が認められる。この変化のことを**進化**（evolution）と呼ぶ。

ダーウィン（Charles Robert Darwin）の自然選択説以降，生物が進化するという考え方は広く人々に受け入れられるようになった。地球の変動などが生物の生息する場の環境を変えていくときに進化は起こり，生物が本来もっている遺伝的変異のうち適応性の高い者が残されていく。このように「地球が変われば生き物が変わる」ことはよく知られているが，地球科学では逆に「生き物が変われば地球が変わる」例も多く認められる。すなわち，地球史を通じて地球の営みが一方的に生物を進化させてきたのではなく，生物の進化もまた地球の様子を変えてきた。これらのような，地球と生物がたがいに影響し合い，たがいに姿を変えてきたことを**地球と生命の共進化**（co-evolution of Earth and life）と呼ぶ。本節ではこの新しい考え方に基づいて，私たちにつながる生命がどのように自らの存在を持続させてきたのかについて考える。

2.1.1　地球は宇宙のどこに誕生したのか

いまから 50 億年もさかのぼれば，私たちが暮らすこの地球も太陽も，そのほか太陽系のすべての天体もまだ存在していない。そこはただ無重力の宇宙空間が広がり，水素・ヘリウムといったガスが漂っている星雲のような場所であった。

太陽という恒星が誕生するきっかけは，別の年老いた恒星の死であったと考えられている。太陽の数倍以上の恒星が最期を迎えるときには，大規模な爆発現象を伴う。これを**超新星爆発**（supernova explosion）という。この現象は人類史上でも何度か観測された記録がある。わが国では平安時代（1054 年）にも見られたことが，藤原定家の『明月記』に記されている。突然夜空の一点が輝き，あたかも新しい星が生まれたかのように見えるため，古くから「新星（ラテン語で nova）」の語が用いられてきたが，実際は星の最期に起こる現象である。ちなみに平安時代の超新星爆発の残骸は現在おうし座にある「かに星雲」として観察できる。また私たちの周りに鉄より重い元素が存在するのも，超新星爆発が関わっていると考えられている。

太陽系形成の準備段階では，超新星爆発による衝撃波が星雲内の一部を押し縮め，密度の高い部分を形成する（**図 2.1**（a））。星間物質が凝集し，ひとたび周囲よりも「重たい」場所ができると，その部分は自らの重力によって収縮していき，回転しながら中央に原始太陽，周囲には宇宙のガスやチリでできた原始太陽系円盤が形成される（図（b））。円盤内の物質はたがいに衝突・合体を繰り返し，数kmの微惑星を形成していく（ここまでに100万年程度かかる）。

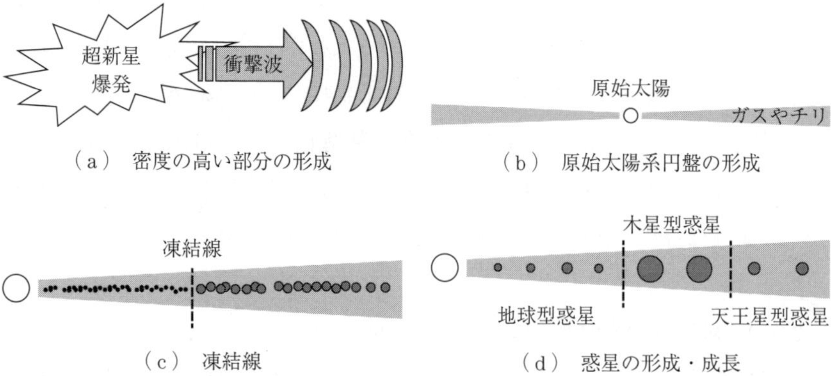

図 2.1　地球誕生までの概念図

やがて太陽が活動を始めると，太陽の近くでは水が気体の水蒸気となり，遠くでは個体の氷となる。これらの境界は**凍結線**（snow line）と呼ばれ，その内側にあるか外側にあるかによって惑星の運命は大きく異なる（図（c））。凍結線よりも内側（太陽の近く）では微惑星どうしが衝突・合体し，岩石原始惑星が形成されていく。岩石原始惑星どうしが衝突して地球を含む**地球型惑星**（terrestrial planet）が誕生した。一方，凍結線の外側は低温のため水・アンモニア・メタンなどが凝集し個体となり，これらを引きつけながら氷原始惑星が形成されていく。氷原始惑星は水が氷になっている分固体成分を多く取り込み，さらに太陽重力の影響が弱いため広範囲から材料を引きつけ大きくなる。大きくなった氷原始惑星は，自らの重力で大量のガスを引きつけた**木星型惑星**（巨大ガス惑星，gas giant）と，形成に時間がかかり周囲にガスがなくなってしまった**天王星型惑星**（巨大氷惑星，ice giant）とに分かれて成長した（図（d））。

【考えてみよう】私たちが今ここに存在する理由 1：地球誕生の偶然

もし太陽系形成時の超新星爆発がなかったら，もしくは場所・タイミングが少しずれていただけでも現在の私たちは存在しなかったはずである。それどころか地球も，太陽系すらも存在しなかったと考えられる。

【考えてみよう】私たちがいまここに存在する理由 2：地球の大きさの偶然

現在の地球の大きさ・太陽からの距離は形成時に偶然決まった。もしこれらが少しでも異なっていたら，温度，水の有無，重力など，現在とはまったく異なった地球が形成されていたはずである。その場合，人類の誕生はおろか，生命の誕生すら実現しなかった可能性が高い。

2.1.2　地球生命はどのように誕生したのか

私たちが知るところの「生き物」には，必ずあらかじめ命を宿している前の世代が存在し，そこから生まれるなり，種となって転がり落ちるなり，分裂するなりして，つぎの世代に命が引き継がれていく。化石や，地層に残された生命の痕跡を過去へと追跡していくと，少なくとも 40 億年前には地球の最初の生命（地球上の生物の共通祖先）が誕生していないと説明がつかないことがわかってきた。祖先といってもバクテリアのような**単細胞生物**（unicellular organism）であったと考えられており，それは非常に単純な構造で微小かつ繊細な生き物であったため，化石としてはまだ発見されていない。

これまで報告された中で，地球最古の生命の痕跡となるのは，グリーンランドのイスア地方で発見された 38 億年前の堆積岩から発見された「炭素の粒」である[1]。これらは顕微鏡サイズで，本当に生物由来かどうかの議論は続いているが，近年同地域を覆っていた万年雪が溶け始め，そこでは生命の痕跡とされる新発見が相次いでいる。顕微鏡下で生き物の形が確認できる最古の化石としては，オーストラリア西部の 35 億年前の地層から発見されたフィラメント状バクテリア[2]がある（**図 2.2**）。

この化石が見つかった地層はチャートという堆積岩でできている。この岩石は極細粒の石英（SiO2）からなり，陸域で侵食され河川によって海へ運ばれる

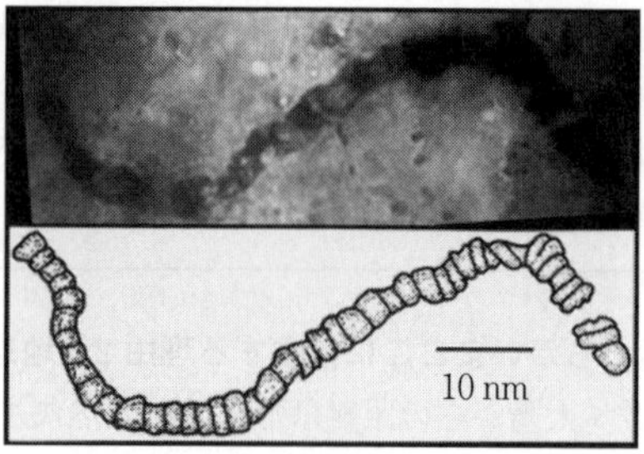

図 2.2　地球最古の化石[2]

粗い粒子が含まれない。このことからこの地層は，陸域から遠く離れた深海底で堆積したものと考えられる。また直下には枕状溶岩（マグマが海中に噴出し固まったもの）が見られるため，高温の環境であったことが推測される。以上より，地球最古の生命は，太陽の光が届かない深海底の熱水（200～300℃）噴出孔のような場所に生息し，化学反応を利用して栄養分を作る独立栄養生物であった可能性が示唆される。

無生物質に命を吹き込む実験は，現在のところ成立していない。つまり，最初の生命がどのようにして地球に登場したのかについては未だ明らかにされていない。そこで，上記の状況証拠から40億年前に私たちの（地球上の全生物の）究極の祖先が誕生していたのだとすると，その時代までに少なくとも命の入る器である「体」が形成される必要がある。生物の体は**アミノ酸**（amino acid，タンパク質を作る部品）でできている。40億年前に地球上にアミノ酸が用意されるためには，以下の2通りの考え方ができる。

一つは，地球環境の準備が整う前に宇宙に存在し，地球に降って来たという考え方である。近年になって隕石・彗星の中にアミノ酸の存在が確かめられるようになった。わが国の宇宙航空研究開発機構による「はやぶさ」プロジェクトなどもまた，これらの研究に大きく寄与していくと期待されている。もう一つは，地球上でもアミノ酸が合成されたという考え方である。これに関しては，ユーリー・ミラーの実験（1953年）が有名である。彼らは，初期地球の大気を想定したメタンやアンモニアを封入したフラスコに水蒸気を通して火花放電することにより，アミノ酸が合成されることを確認した。現在では，上述の熱水噴出孔のような場を想定してアミノ酸合成実験が行われている。

【考えてみよう】私たちがいまここに存在する理由 3：私が存在するまでの偶然

私たちがいま生きているということは，必ず親が二人いて，それぞれの親にもまたその親（全部で四人）がいて……。という具合にさかのぼっていくと，膨大な数の前の世代が一人の「私」の存在に関わっていることがわかる。私に向かって持続してきた命のほんの一人，あるいはほんの 1 匹，あるいはほんの 1 個が居なかっただけで，いまの私は存在しない。さらにそのすべての両親の出会いにはさまざまな偶然が作用してきたと考えると，「私」とは，途方もない偶然の産物である。

【考えてみよう】私たちがいまここに存在する理由 4：生命誕生は偶然か

ひとたび生命が誕生すれば，それらが成長・分裂・増殖の過程を繰り返しながら複雑化していき，その経過が細胞内の DNA 情報に蓄積されていくことはさまざまな研究により理解されてきた。しかしながら「最初の生命の誕生」が超自然的現象なのか，宇宙では比較的容易に起こりうる現象なのかは謎のままである。

2.1.3　地球の酸素はどのようにもたらされたのか

初期の生物は酸素を必要としない微生物であった。40 億年かけて進化した私たちはいま，酸素を呼吸することによって得られる高いエネルギーを利用して大きな体を維持し，運動するといった生命活動を実現している。酸素は地球が用意してくれたものではない。地球史前半の 20 数億年間，酸素は大気中にほとんど存在しなかった。

地球に初めて酸素がもたらされた証拠は西オーストラリアの 27 億年前の堆積岩の中から発見された**ストロマトライト**（stromatolite）と呼ばれる岩石である。ストロマトライトは，浅い海底で酸素発生型光合成を行う**シアノバクテリア**（cyanobacteria, 藍藻）のコロニーの下に何層にも積み重なってできる岩石である。地球史上最古のストロマトライトが上記の 27 億年前のものであるため，この時代にシアノバクテリアが地球上に誕生し，光合成による酸素の放出が開始されたと考えられている。

2.1.4 進化と絶滅の歴史

〔1〕 全球凍結

シアノバクテリアによる酸素の放出が始まったことにより，地球に楽園が訪れたかというと，結果はむしろその逆である。それまで大気中に蓄積されていたメタンと酸素が化学反応を始め，地球大気から急激にメタンが消滅していくこととなった。メタンはそれまで地球を「保温」する役割（二酸化炭素の20倍の効果）を担っており，そのため地球は温暖な状態を保ってきた。メタンの消失により地球の気温は急降下し，赤道まで氷に覆われることとなった。この現象を**全球凍結**（Snowball Earth）といい[3)]，地球の平均気温は−50℃まで低下した。地上1000mまで氷で覆われ，海面下も1000mまで凍結した。地球は少なくとも2度，この状態を経験している。

1回目の全球凍結は24～22億年前のどこかで1000万年以上続いたとされている。上記のような過酷な環境下で，ごくわずかの生物が温泉のような地球の熱の湧き出し口で生き延びた。化石の記録をたどると，生存が難しい時代を終えた直後につぎの段階へと進化をとげている例が多い。1回目の全球凍結が終わった直後，約21億年前の地層が北米東部の鉱山で見つかっている。それまで顕微鏡でしか確認することができなかった生物の化石が，ここでは肉眼でその存在を認めることができる。数cmのスジ状に伸びた**グリパニア**と名付けられたその化石は，それまでの単純で原始的な**原核生物**（prokaryote）から**真核生物**（eukaryote）へと進化した証拠として研究が進められている。このとき地球上の生物は，細胞が大型化（100～10000倍）し，雄雌の区別が生じ，DNAを細胞内の**核**（cell nucleus）という頑丈な部屋の中で保護するようになった。そして約20億年前まで大気の酸素濃度は急上昇し，現在の1/100程度でいったん安定する。この頃から酸素呼吸をする生物が主流となっていく。

2回目の全球凍結は，8～6億年前のどこかで起こった（この間に2度起こったという説もある）。このときの全球凍結がどのように引き起こされたのかについては，大きく分けて2通りの説がある。これらは1回目の全球凍結がどのようにして終わったのかについて解釈が分かれる。

一つ目の説は，火山やメタン菌がメタンを放出し，メタンによる温室効果によって前回の全球凍結が終わったと考え，そのあとは1回目と同じメカニズムによって全球凍結が再発したとするものである。二つ目は，1回目の全球凍結の後，二酸化炭素（火山活動）による温室効果で気温が回復したとする考え方である。その後大量のシアノバクテリアの光合成で二酸化炭素が消費され二酸化炭素の温室効果が衰退し全球凍結に至ったと推定されている。

2回目の全球凍結以前の地層からはすでに**多細胞生物**（multicellular organism）への進化が認められているが，全球凍結直後の地層からは，やはり大きな進化をとげた痕跡が世界各地で発見されている。オーストラリア・エディアカラ丘陵で発見されたため**エディアカラ生物群**（Ediacara fauna）と総称されるそれらの化石は，植物なのか動物なのかも含めて未解明のものが多い。約6～5.5億年前の地層から発見されているが，砂浜の砂が固まったような地層であるため太陽の光が届くような浅い海底に暮らしていたことが示唆される。左右対称の体型の厚みのある体をもった化石が多く，これらは後の大型動物の脳の起源としても注目されている。大気酸素濃度はこの時代までに再び急上昇し，現在と同程度（20%）を占めるようになっていた。エディアカラ生物群は，この酸素を呼吸することにより高いエネルギーを得て，同時に体内でコラーゲンをつくり，大きな体を維持していった。

【考えてみよう】私たちがいまここに存在する理由5：生き物が地球を変えた例

シアノバクテリアの光合成が，宇宙から見た地球の姿を真っ白に変えてしまう原因となった。生命は，地球環境から影響を受けると同時に，影響を及ぼす側にも立っている。人類の営みもまた地球の景色を大きく変えようとしている。

【考えてみよう】私たちがいまここに存在する理由6：苦しい時代を乗り越えてこそ持続可能な未来が

地球史とそこに暮らしてきた生物の歴史を重ねてみると，生き物にとって苦しい時代が終わりを告げた直後に大きな進化が待っていたようである。私たちは生存を脅かされるような過酷な時代を望まないが，もし地球が過去40億年の間，楽園のままであったとしたら，いまの私たちは存在したであろうか？

〔2〕 V-C境界

エディアカラ生物群の楽園も，地球史上長くは続かなかった。約5億4 500万年前の**V-C境界**（**ベンド紀**（Vendian）と**カンブリア紀**（Cambrian）の時代の境界）を境に，それ以降の地層からはエディアカラ生物群の化石はほとんど見つからなくなる。代わりに現世の動物分類群のほとんどが，つぎのカンブリア紀に急激に出現している。この時代の境目では，現代では考えられない超大規模火山活動とともに大陸分裂が起こり，これにより光合成生物に障害が及び，地球規模の酸素不足が生じたという説がある。

〔3〕 P-T境界

V-C境界以降，生き延びた生物は再び地球上に楽園を再構築し始める。この頃私たちの祖先は，魚の型から両生類を経て，哺乳類型爬虫類へと進化していく。この時代を**古生代**（Paleozoic）という。一方，光合成生物が吐き出した酸素は成層圏まで届き，太陽からの紫外線によって**オゾン層**（ozone layer）が形成される。オゾン層は，生物にとって有害な紫外線を吸収する。そのため，古生代の途中から地球生命は陸上へと進出を始めることが可能となった。ここで初めて形成された地上の楽園であったが，またしても地球は生物を絶滅へと追いやった。約2億5 000万年前，三葉虫をはじめとする古生代に広く生息していた多くの生物種が絶滅している。海に棲息する無脊椎動物については，種レベルでの絶滅率が90%を超えると見積もられている。この時代の境界を**P-T境界**（**ペルム紀**（Permian）と**トリアス紀**（Triassic）の境界）と呼ぶ。世界中のP-T境界の地層には酸化鉄が含まれていない。このことからこの時代には約200万年間の酸素欠乏期間があったとされ，その期間は**スーパーアノキシア**（superanoxia）と呼ばれている。大陸移動の研究から，この時代が大陸の分裂時期と一致していることが明らかにされている。当時地球上に一つしか存在しなかった大陸（超大陸**パンゲア**）が，現在見られるような大陸配置に分裂を始めたのがこの時代である。以上の研究結果から，この時代にも超大規模火山活動が起こり，火山ガス，噴出した粉塵による太陽光遮断（光合成系の崩壊による酸欠）と酸性雨などによって大量絶滅が引き起こされた[4)]と考えられている。

【考えてみよう】私たちがいまここに存在する理由7：本当に「母なる地球」か？

地球上に誕生した生物が地球大気に酸素をもたらした。それに伴い酸素呼吸をする生物が主流となった時代を見計らうかのように，地球は生物から酸素を奪った。

〔4〕 K–T 境界

P–T 境界をかろうじて生き残った生物の中には恐竜の祖先が含まれていた。彼らは古生代末には小さな爬虫類であったがP–T 境界以降の**中生代**（Mesozoic）には恐竜に進化し，地球上を支配した。しかし，そのつぎの**新生代**（Cenozoic）には恐竜は姿を消している。約 6 500 万年前のこの時代の境界を **K–T 境界**（**白亜紀**（ドイツ語で Kreide）と**第三紀**（Tertiary）の境界）という。この時代には，恐竜だけでなく，アンモナイトをはじめ多くの生物が海陸問わず絶滅している。この大量絶滅の原因は，空から降ってきたという説[5)]が有力である。直径約 10 km の巨大隕石が地球に衝突したと考えられており，その衝突の痕跡はメキシコのユカタン半島北西部の海中で発見されている。

【考えてみよう】私たちがいまここに存在する理由8：恐竜絶滅の偶然がなかったら

約 6 500 万年前の恐竜絶滅は，まったくの偶然である。広い宇宙空間の中で，半径わずか 6 400 km の地球と，さらに小さい半径 10 km の隕石が正面衝突することは，砂場の砂粒一つとって遠くの砂粒に当てることより難しい。そのような偶然が K–T 境界で実際に起きてしまったわけであるが，このとき両者の軌道が少しでもズレていたら地球と隕石はすれ違い，その日も恐竜はいつもと変わらぬ生活を続けていたであろう。当時私たちの祖先である原始哺乳類はネズミのような格好をし，木の上で隠れるように暮らしていた。一方恐竜の中には，トロオドンなど，体の大きさに対して脳が大きい種類が存在した。もし白亜紀末の大絶滅がなかったら，恐竜の脳が発達を続け，原始哺乳類を圧倒していたであろう。そしてその後の 6 500 万年間を使って，恐竜のほうが知的生命体に進化していた可能性もある。

〔5〕 そして人類～「心」をもった存在へ～

この宇宙で，これほどまでに豊かな表情をもち，気持ちを伝え合う「心」をもった生き物は，私たち以外に存在しないのかもしれない。そしてそのこともまた，地球史上の偶然によって生じた現象なのである。

6 500 万年前の大量絶滅の時代を偶然生き延びた私たちの祖先は，恐竜のいなくなった後も樹上の生活を続けていた。木の実を食べ尽くしてしまうと，いったん地上に降りて別の木を探さなければならないが，このときに多くの祖先は肉食の動物の餌食になっていたと考えられる。ある大陸では同時代に肉食に進化した哺乳類の化石が発見されている。また別の大陸では，肉食の巨大な飛べない鳥の化石が発見されている。もしそのままの時代が続いていれば，私たちの祖先はこれらの肉食動物に捕食され続け，絶滅してしまった可能性が高いが，私たちはいまも生きている。なぜ生き延びることができたのか。それは 5 500 万年前から始まった**地球温暖化**（global warming）と関連があるという説がある[6)]。

この時代には地球内部のメタンが大気中に放出され，その温室効果によって 5 ～ 7℃の気温上昇が起こった。これにより，肉食哺乳類と巨大鳥類の生息域を隔てていた寒冷地域が往来可能となり，巨大鳥類は肉食哺乳類の進出によって滅ぼされた。また，温暖化によって地球上に木が生い茂るようになり，私たちの祖先は地上に降りなくても，枝の重なった部分（樹冠）を飛び移ることで危険を回避できるようになった。こうして背後からの敵を気にすることなく，目の前の枝に飛び移ることに集中する生活へと移行した祖先は，進化によって目の位置が顔の横から前へと移動していった。そして二つの目で立体的にものを見ること（立体視）ができるようになっていった。

立体視が可能になったタイミングで 5 000 万年前から 3 300 万年前には南極大陸がオーストラリアや南米大陸から切り離される大陸移動が起こって暖流の流れが変わり，地球は寒冷化に転じた。食糧不足の中，われわれの祖先（霊長類へと進化）は視力を獲得し，わずかな餌を探すことで生き延びた。

【考えてみよう】私たちがいまここに存在する理由 9：私たちにはなぜ「心」があるか

視力が良くなると，相手の表情を見ることができると同時に，自分も相手に表情で情報伝達ができるようになっていく。これを進化の過程で反復していくうちに，私たち人類の祖先は，他の動物にはない複雑な表情筋が発達していった。一方で相手の表情をうかがい，相手の置かれている状況を自分に置き換えながら行動することは，自分にとって有利に働く。この営みの究極のかたちが「思いやり」である。このように，地球温暖化で立体視を，大陸移動による寒冷化で視力を身に付けるところから始まった人類への進化は「心」を手に入れるまでに発展をとげることとなった。

2.2 二酸化炭素は地球に何をしてきたのか　— 地球を巡る炭素の旅 —

2.2.1　温室効果と二酸化炭素

可視光線を中心とする太陽放射によって地表が暖められると，地表からは赤外線が放射される。この赤外放射のうち，直接宇宙空間へ放射されるのは 10 %程度である。そのほとんどは途中の大気との間で吸収・放出が繰り返され，地表付近を暖めた後に大気圏の外へと放射される。このとき熱エネルギーが大気圏内部に蓄積する現象は，しばしばビニールハウス（温室）の中の温度上昇にたとえられ，**温室効果**（greenhouse effect）と呼ばれる。大気の中で赤外線を吸収し，温室効果を引き起こす気体を**温室効果ガス**（greenhouse gas）という。

現代の地球規模での環境問題の一つに挙げられる地球温暖化は，この温室効果が原因であると考えられている[7)]。1997 年に京都で開かれた**第 3 回気候変動**

枠組条約締約国会議（COP3）で議決された気候変動に関する国際連合枠組条約の**京都議定書**（Kyoto Protocol）では，二酸化炭素（CO_2），メタン（CH_4），一酸化二窒素（N_2O），ハイドロフルオロカーボン（HFC），パーフルオロカーボン（PFC），六フッ化硫黄（SF_6）の 6 種の温室効果ガスについて，各国の具体的削減目標が定められた。なかでも二酸化炭素は，人為的に排出される温室効果ガスの中で，地球温暖化への寄与率は最大（約 60％）である上，排出量は毎年増加の一途をたどっている。

一方，地球史の中で二酸化炭素濃度と気候変動の因果関係を科学的に証明することは非常に困難である。しかしながら，掘削された南極の氷床コアから推定された過去 70 万年間の二酸化炭素濃度と気温の変化[8]を比べてみると，両者には明らかな相関が見てとれる（**図 2.3**）。これらの研究成果は，現代の地球温暖化問題の原因を二酸化炭素濃度上昇に求める上での拠り所となっているが，二酸化炭素濃度の変化より先に気候変動が始まっているように解釈できる時代も存在するため，「どちらが原因でどちらが結果なのか？」という根本的な問題に関しては未だ議論の余地が残されている。

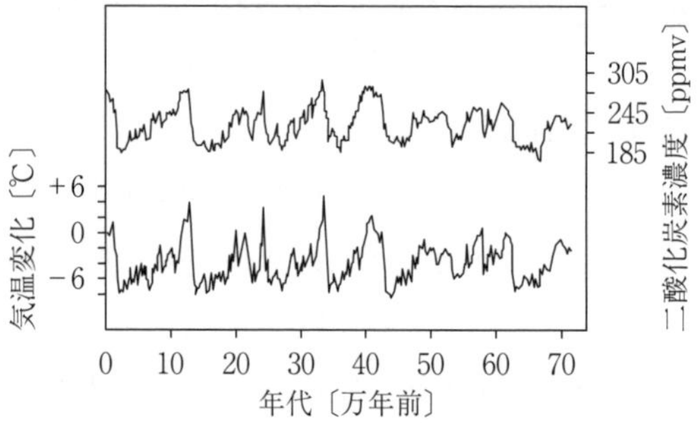

図 2.3　南極ドームふじの氷床コアから推定された過去 70 万年間の気温（下）と二酸化炭素濃度（上）の変化（文献 8 をもとに作成）

2.2.2　過去から未来へ―温室効果と地球生命の持続―

現代の地球温暖化問題がクローズアップされて以降，削減対象となった二酸化炭素をはじめとする温室効果ガスは悪者扱いされることが多くなった。しかし，もし温室効果がなかったら地球の気温は－50℃になることは，2.1.4項〔1〕「全球凍結」で述べたとおりである。温室効果ガスは，温和な地球を維持し，現代の生命に至る進化を促進し，生命の持続に貢献してきた。さらに地球生命はいまより気温が20℃以上高い時代にも進化を繰り返し，適応しながら命をつないできた。

上述した過去70万年間の大気中の二酸化炭素濃度変化と気温の変化の相関からは外れる時代がある。それが現代である。産業革命以降の大気中の二酸化炭素濃度の上昇速度は，過去に類を見ない急激なものとなっている（現在約2 ppm/年）。一方，それに見合う規模の急激な気温の上昇は現在のところ確認されていない。過去の両者の相関関係が将来にわたっても持続するとすれば，今後数百年程度の時間スケールにおいて地球の平均気温は地球史上類を見ない急激な上昇を見せることになる。地球生命は今後も気温が高くなること自体には適応しようとするであろう。しかしながら現代の地球温暖化問題の本質は，過去に類を見ないその変化の「スピード」に生命の持続がついて行けるかどうか，もしくはそのスピードを「制御」できるかに関わる問題なのである。

2.2.3　地球規模の長期的炭素循環

人類が地球上に登場する以前から，二酸化炭素が温暖な地球環境を維持する役割を担ってきたことは，これまで述べてきたとおりである。全地球規模のシステムの中で，地球史を通して，二酸化炭素がどのような経路をたどって循環しているかを見ておこう（**図2.4**）。

二酸化炭素はまず火山活動により地球内部から絶えず噴出している。大気中の二酸化炭素は増える一方ではなく，海洋に溶け込んでいく。現在海中の二酸化炭素の量は大気中の50倍である。海に溶けた二酸化炭素は，有孔虫などの生物が体内に取り込んで骨格などを作るために利用する。藻類なども二酸化炭素を体内に吸収・固定している。生物の死後，あるいは海水中の化学反応により二酸化炭素は石灰岩などに姿を変え海底に沈殿する。地球の海底は年間数

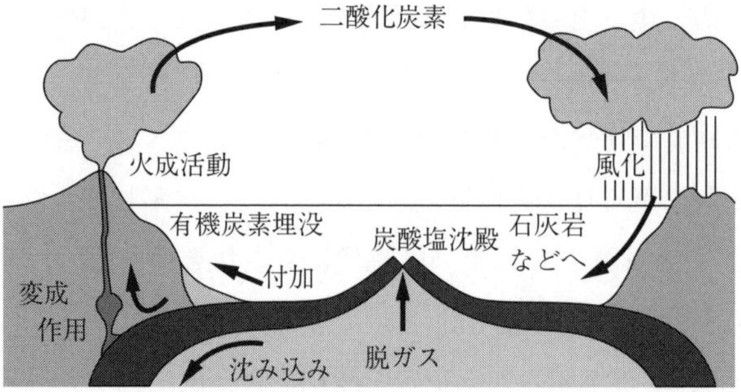

図 2.4　地質学的時間スケール（＞100 万年）で見た炭素循環の概念図（文献 9 をもとに作成）

cm の速さでベルトコンベアーのように移動し，海溝から大陸の下へと沈み込んでいく。水を含んだままある深さまで沈み込むとマグマとなって地殻内を上昇する。そして再び火山活動によって二酸化炭素となり大気中へ放出される。人類が大気中に放出した二酸化炭素も，この循環の中に組み込むことによって，大気中から分離できるかもしれない。

【考えてみよう】地球温暖化から人類を救えるか

大気中の二酸化炭素を海中に固定するシステムを考えてみよう。ちなみに二酸化炭素を液化して海に沈めた場合，海面下 600 m 以深では気化しない。3 000 m 以深では密度が海水より大きくなるため，自重で沈んでいく。

2.3 「人間とは何か」に迫る持続学

本章では，宇宙史上奇跡の存在となった私たち人類の成り立ちについて，地球史における生命の持続を学ぶことから考察してみた。数々の環境の激変によって地球上に現れた私たちは，ひとたび豊かな生活を手に入れると，「持続可能」な社会システムの実現を追い求めるようになった。この現象は，大変皮肉なことであると同時に，「人間とは何か」という根本的な問いに対する持続学的アプローチのおもしろさを秘めている。

全地球史の長さを短距離走（50 m）のコースにたとえると，人類の文明が始まってから今日までの道のりは，ゴール手前わずか 0.1 mm 程度の出来事である。この視点に立って未来を見通したとき，果たして人類は，生きようとするが故に自らの生存可能な場を失っていくのか，宇宙史上初めて将来を予見しながら自らの生存を持続させる存在となるのか，はたまた大きな地球（自然）の変動に巻き込まれるだけの小さな存在なのか。それは多岐にわたる学問分野が融合する持続学によって解き明かされていくことになろう。

引用・参考文献

1）Rosing, M.T.：“^{13}C depleted carbon microparticles in 〉3700-Ma sea-floor sedimentary rocks from West Greenland”, Science, Vol. **283**, pp. 674 ～ 676（1999）

2）Schopf, J. W.：“Microfossils of the Early Archean Apex Chert：New Evidence of the Antiquity of Life”, Science, Vol. **260**, pp. 640 ～ 646（1993）

3）Kirschvink,J.L.：“Late Proterozoic Low-Latitude Global Glaciation：The Snowball Earth”, Section 2.3 in：J.W. Schopf, C. Klein, & D. Des Maris（eds.）, The Proterozoic Biosphere：A Multidisciplinary Study. Cambridge University Press, pp. 51 ～ 52（1992）

4）丸山重徳・磯崎幸雄：『生命と地球の歴史』，岩波書店（1998）

5）Russell, D. and W. Tucker：“Supernovae and the Extinction of the Dinosaurs“, Nature, Vol. **229**, pp. 553 ～ 554（1971）

6）Pancost, R. D., D. S. Steart, L. Handley, M. E. Collinson, J. J. Hooker, A. C. Scott, N. V. Grassineau and I. J. Glasspool：“Increased terrestrial methane cycling at the Palaeocene–Eocene thermal maximum”, Nature, Vol. **449**, pp. 332 ～ 335（2007）

7）IPCC（Intergovernmental Panel on Climate Change）：Assessment Reports, http://www.ipcc.ch/

8）Uemura, R.,（他 18 名）：“Asynchrony between Antarctic temperature and CO2 associated with obliquity over the past 720,000 years”, Nature Communications, Vol. **9**, Article number：961（2018）

9）Tajika, E. and T. Matsui：“Evolution of terrestrial proto - CO2 - atmosphere coupled with thermal history of the Earth”, Earth and Planetary Science Letters, Vol. **113**, pp. 251 ～ 266（1992）

3. 安心して暮らせる生態系サービスの持続

持続学のすすめ

本章では，持続可能な発展（開発）を構成する基盤として関連し合って存在している「環境，社会，経済」の三つの大きなつながり合う分野のうち「環境」と「経済」を根本から支える生態系サービスに着目し，日本の国土面積の約7割を占める森林の問題，地球上の物質循環に極めて重要な分解者という役割を担っている微生物，そしてヒトが生き続けるために摂取する必要のあるビタミンについて学ぶ。

まず，森林生態系を切り口に「持続」を考える。日本の国土の約67%は森林であり，私たちが無意識に毎日吸っている空気も，いつでも供給されるおいしい水も，田畑の新鮮な作物や健康な家畜も，河口域で捕れるおいしい魚介類も，これらすべての持続的な供給は，存在し続ける健全な森と，森が下流に供給する清らかで穏やかな水のおかげである。これらの資源は**生態系サービス**（ecosystem service）と呼ばれており，基本的に地球のシステムから無償で私たちが得ているものである。

図 3.1 に，国連 ミレニアム生態系評価による**生物多様性**（biodiversity）の位置づけを示した。人間の暮らし（**人類の福祉**（human-well being））は，生態系サービスが支えており，それは生物多様性で担保されている。これらの土台が破たんするとその地域の安全で豊かな生活のための基本的資源や，健康で

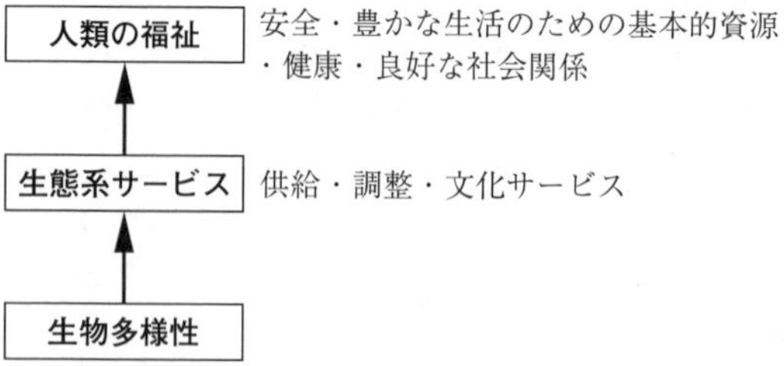

図 3.1 国連ミレニアム生態系評価による生物多様性の位置づけ

良好な社会関係が破たんに向かうことになる。現在では，グローバル化によりこの生態系サービスや生物多様性も，自分が住んでいる流域にとどまらず世界とつながっているということにも注意しなければならない。

都会に暮らす人たちは，近年頻繁に生じている大規模な土砂災害や洪水に対し，自分に関係のある事実としてどの程度の危機感を抱いているだろうか。いま，安心して暮らせているのは，住んでいる流域の山や川が安定しているからであるが，その安心が本当にこの先も続くのか，ここで少し考えてもらいたい。

3.1 身近な森林のいま

日常で目にする森林は，どんな森林であろうか。森林には，その地上部の消失の歴史や人の関与の関係から，大きく分けて二つのグループの呼び方がある。前者のグループは，その土地に何も植物が生えていない状態から現在に至るまでの長い歴史の中で，地上部が天災であれ人災であれ，一度でも大規模に消失したことがあるかないかで名前が決まる。消失経験がなければ**原生林**（もしくは自然林）と呼び，消失経験がありその後植生が再度形成された森林であれば**再生林**（二次林）と呼ぶ。原生林は山奥にあり，白神山地などのように保全対象になっていることが多い。また，生活圏で見かけるほとんどの森は，何らかの消失経験がありその後再生してきた再生林である。後者のグループでは，人が何らかの目的をもってその場の植生を切り開き，その後目的にかなう樹木を植栽した森林を**人工林**，そうではなく天然に生えている状態のものを**天然林**として区別する。日本の森林の約 4 割がこの人工林である。人工林の中には，植えた樹木を育てて収穫し利益を得るための生産林や，火事の広がりを抑えるための防火林，風をよけるための防風林などがあるが，現在の日本の人工林はほとんどが戦後に生産林として植栽したものが管理放棄され，収益を得られていない人工林である。市民や学生とともに 10 年間調査した岐阜県恵那市・瑞浪市の庄内川源流域 217 地点における結果では，調査した人工林の 73 %が，管理放棄された状態であった[1)]。

管理放棄された現在の人工林は，どんな状態なのか。外から見ると濃い緑色をしていて，いかにも森林浴できそうな気がするのだが，森林の中に入ってみると真っ暗で，植栽されたスギやヒノキの下の枝はほとんどが枯れていて，これら植栽木以外にはほとんど植物がない。土壌も流されて植栽木の根がむき出しになり，虫や小鳥の気配も少なく，とても森林浴を楽しむ気にはなれない。

先の庄内川源流域での調査では，スギやヒノキの樹高は16～20 m，胸高直径（120 cm高さでの太さ）は13～15 cmのものがデータのピークとなっており，**平均林分形状比**[†1]（**図3.2**（a））が80を超える地点が全体の70%を占めていた。これは，植栽木であるスギやヒノキが細すぎて風雪に弱いことを意味している。また，植栽木の混み具合を示す**相対幹距比**[†2]（図（b））は全体の73%が過密・超過密という結果であった[1)]。2014年春の降雪により，この地域の人工林は広い面積で折れたり裂けたりする被害を受け，調査データが示す通り風雪に弱い状態であることが実証された（**図3.3**）。

さらに，この調査では各地点での林床の草本層の被覆率と雨の浸み込む速度も調査され，草本層の被覆率が80%未満の環境では雨の浸み込みが悪くなっていることが示された[1)]。これは他の研究でも示されているように，15 m以上もあるスギやヒノキから雨粒が滴下し，地表面に直接当たるために地表面が受けた雨滴衝撃により，もともと存在していたであろう柔らかい土壌が攪乱され，雨のたびに地表面を水が大量に流れて土壌が持ち出され，固く締まった粘土層がむき出しになったり，乾燥と湿潤を繰り返すことにより地表面が撥水性

---

†1　樹高を胸高直径で割った値（樹高〔m〕÷胸高直径〔m〕）のこと。樹木の体型の指標となる。樹高のわりに細い（値が高い）と風雨で折れやすくなる。値が80を超えると折れやすいといわれている。
（例）　A：20 m÷0.20 m＝100
　　　　B：20 m÷0.40 m＝ 50
この場合は，Aが折れやすいことになる。

†2　隣り合う植栽木との距離を樹高で割った値（林の平均的な樹木間の距離〔m〕÷樹高〔m〕×100）のこと。植栽密度の指標となる。値が17より低いと過密とされる。実際に何本間伐するかは，密度管理表（横軸を樹間距離，縦軸を樹高にした図中に，間伐の目安が書かれたもの）を参考に算出する。
（例）　A：2 m÷20 m×100＝10
　　　　B：4 m÷20 m×100＝20
この場合は，Aは過密なので，間伐対象となる。

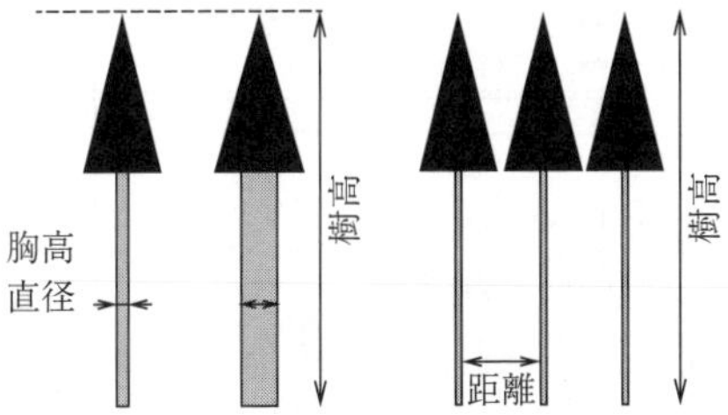

（a）　平均林分形状比　（b）　相対幹距比

図 3.2　平均林分形状比と相対幹距比

図 3.3　風雪で折れた人工林
（岐阜県恵那市）

を有するようになったりするためであると考えられた。このようになった人工林の土壌は，雨水が浸み込むことが難しく，地表流がすぐに発生するため上流域の河川水位の上昇を促進化させる。また，苗で植栽された樹木は，天然更新により生育している個体よりも根の侵入深度が浅く，樹高が高くなると風に揺さぶられることで根が切れやすく，根ごと転倒してしまうことにもつながる。このように，管理放棄が進んだ人工林では，生物多様性の低下のみならず土壌流出や洪水抑制機能の低下，土砂災害の危険度の上昇につながる危険性が高まる。

3.2　人工林（生産林）はそもそも手がかかる

生産林として植栽される樹種は，多くの場合はスギやヒノキ（寒冷地ではカラマツ）の針葉樹である。戦後の高度経済成長期までの木材の需要（**図 3.4**）としては，建築材が主要であり，成長が早く真っすぐに育ち柱材にもなるこれらの樹種が好まれた。植栽される苗は高さ 80 cm ほどと小さく，植栽密度を低くするとカモシカなどの動物に食われて全滅したり，病気や風雨への抵抗が弱くなったりするため，1 ha（ヘクタール，100 m×100 m）当り 3 000 本という過密な状態で植えられる。植林後 5 ～ 10 年までは開けた山肌に日光がたくさん入るため，自然に生えてくる他の植物との競争に負けないように，周りの

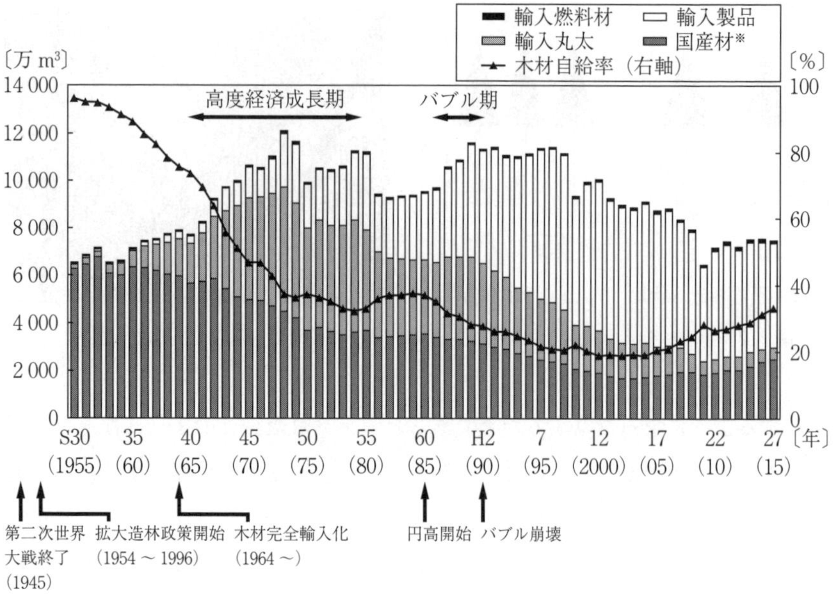

※国産材には用材のほか，しいたけ原木，燃料材を含む

図 3.4　日本の木材需要の推移[6)]（文献 6 より作図）

植物を刈り込んだり，病気になった木を切ったりする必要がある。さらに，10 ～ 20 年になれば，植栽木が生長して**林冠**《りんかん》（森林の最上部を構成する枝や葉の連続的な面）を構成するようになるので，細いながらも他の植物との競争に配慮しなくてもよくなるが，今度は林内が暗くなって木が太れないため，**間伐**して間引く必要がある。このときに切られたものを市場に出せば，間伐材としてそれなりに販売できるようになる。その後も何度か間伐を入れて，50 ～ 100 年かけて太く大きな木に育て，最終的に刈り取り（これを**主伐**という）市場に出せば高値で販売できる。

しかし，現在の日本の林業は低迷期から脱しておらず，このように膨大な手がかかる人工林（生産林）の管理は，その採算がとれないことから放棄され，植えてから一度も間伐されずに 50 年ほど経過した状態の人工林がほとんどを占めている。また，このような管理ができる技術をもった職人も高齢化し，次世代が育っておらず，山の所有者も世代交代により山を知らない山主となり，山主自身ですら自分の山がどこにあるのかも知らない時代に突入して久しい。

3.3　所有者の問題，森林の歴史

つぎに，日本における森林の所有者について考える。現在の日本の森林は，**国有林**と**民有林**に分けられる。国有林は林野庁をはじめとする国の機関が所有し，森林面積全体の約3割を占めている。民有林は残りの約7割を占めており，都道府県や市町村が所有する**公有林**（約1割）と，個人や企業が所有する**私有林**（約6割）に分けられる（**図3.5**）。森林の管理責任者は，各区分の責任者である。人工林は，これらすべての分類において存在する。その理由を理解するには，日本の森林の江戸時代からの歴史をたどる必要がある。

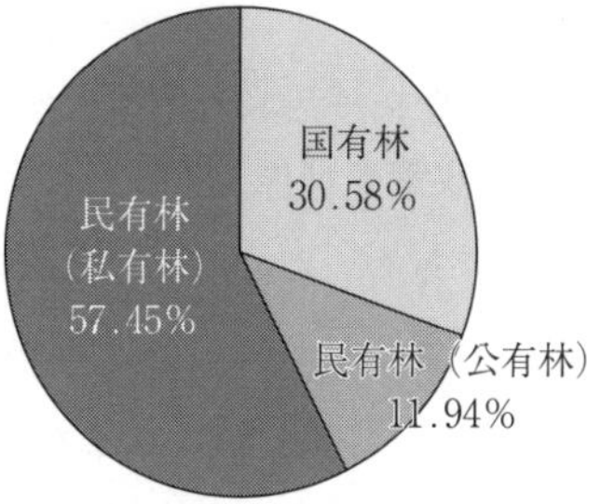

図3.5　日本の森林所有形態の割合（面積）[2]（文献2より作図）

日本の森林は，江戸時代には乱伐によりすでに荒廃し，土砂災害や洪水が頻繁に生じていた。それまでは，植林して伐採する近代的な林業システムは存在せず，天然林のスギやヒノキを切り出して利用していた。また，国土はすべて国の所有物であり，私有地は存在しなかった。その結果，乱伐が横行し，森が荒廃していった。秋田藩はいち早く，「国之宝は山也，……，山ノ衰は則国之衰なり」（『山林盛衰之大凡考』，渋江正光（江戸時代初期の秋田藩家老）として，森林伐採を禁ずる森林保全のための規制である「留山《とめやま》制度」を導入した

（寛文6年，1666年）。同年に幕府は「諸国山川掟《しょこくさんせんおきて》」にて森林開発の抑制と河川流域の造林の奨励を行っている。明治時代に入ると，幕府によるこれらの規制がいったん解かれ，西欧文明が流入して文明は近代化した。それに伴い木材用途は拡大し，建築用，工事の足場，杭，鉱山の坑木，電柱，鉄道の枕木，貨物の梱包，造船材料，桟橋などの施設，パルプの原料などに多様化した。その結果，各地で過度な森林伐採が生じ，再び森林荒廃が深刻化して災害が多発し，愛知，滋賀，岡山は日本三大禿山地帯として有名になった。1897（明治30）年には森林法が創設され，ようやく本格的に森林伐採が規制対象となったが，すでに国際情勢は悪化の一途をたどり，日本は戦争へと突入していった。1894年には日清戦争，1904年には日露戦争，1914年には第一次世界大戦，引き続き第二次世界大戦が1945年に終戦を迎えるまで，国土は森林保全どころではなくなった。終戦時には身近な森林は使い果たされ，都会は焼野原になってしまった。

戦後の森林再生は，この焼野原に建造物を再建するために必要であった。まず国は，1954年から**拡大造林政策**を展開した。広葉樹林の伐採跡地などへの針葉樹の植栽を奨励する政策である。これ以降，それまでは里山として機能していた落葉広葉樹林の私有林の多くが，スギやヒノキの人工林に変わっていった。しかし，このわずか10年後（1964年）には木材の完全輸入化が開始され，植えた木が十分に育ち出荷される前に輸入材が流通し，残念ながら日本の林業は長い低迷期に突入した。1960年代から70年代にたくさん植えられたスギやヒノキは，いまや45年から65年が経ち収穫期を迎えているが，経済的に成り立たない多くの人工林は管理されずに放置され，林床植生も貧しいために野生生物の生息空間としての質もきわめて低く，雨の浸み込みも悪く，花粉症の原因をばらまき続ける存在となっている。

また，管理というとまず思い出されるのが**森林組合**である。農業で考えると分かりやすいが，農業協同組合は，実際の農地の管理は行わない。管理者は，農業者本人であり，協同組合は指導や資材の調達等を行っている。林業でも組織ができた当初の基本的な考え方は同じで，実際の管理は林業者本人（森林所有者）がその責任を負う。しかし，林業の低迷とそれに伴う林業者（森林所有者）の高齢化により，本来の管理機能が麻痺している。近年では，森林組合の業務の中に施業委託があるが，組合員自体が高齢化してしまっているため，施業促進は難しい。

現在の森林組合の目的は，森林所有者の経済的社会的地位の向上と森林の保存培養と生産力の増進を図ることにあると，法律に記されている。森林組合は，森林を所有する組合員の出資により運営されており，森林経営への相談対応，森林施業の受託，森林施業計画，資材の共同購入などを行う。上部団体には都道府県森林組合連合会が，その上には全国森林組合連合会が存在している。森林組合の所有森林面積の割合は，小規模な 1 万 ha（100 m×100 m が 1 万個分）以下が約 40％を占めている[3)]。ある程度のまとまりのある面積での人工林の機能上昇などの早期実施には，この状況が抑制的に働いている。

地域での最小単位としては，**生産森林組合**がある。生産森林組合は，持ち回りで組合長が存在し，組合員の所有する人工林の管理のための講習会，共同での間伐実施などが行われている。組合長は組合員同様，必ずしも施業のプロではない。財産として林地を受け継いではいるが，林業家ではない人がほとんどである。

3.4 森林荒廃の歴史

日本の森林は，有史以来，幾度もの荒廃を繰り返し経験してきた。現在，管理放棄が問題になっているのはほとんどが私有林である。私有林は明治初期までは公的には存在しなかった。江戸時代には日本の森林は，幕府の直轄地や皇室所有の御《ご》陵《りょう》林《りん》として存在しており，地域農民が勝手に伐採することは厳罰に値し，幕府や各藩により厳重に管理されていた。この時代は，都市での集中的な人口増加が生じ，江戸や大阪では多くの木造建築が立ち並び，城郭や寺院などの大規模建築用の需要も増大し，全国各地での生活用・農業用・建材用の過度な森林伐採森林資源の枯渇が生じていた。それとともに，山域における鉄砲水などの大規模災害が頻発するようになっていた。そのため，この時代には留山制度に代表されるような，厳しい森林保全のための制度が各藩で設けられた。

近代化が進み明治に入ると，廃藩置県（1871 年）と地租改正（1873 年）により初めて私的所有権が確立し，私有林が生まれた。その後，幕末からの戦乱や鉱工業の発達に伴い，原材料としての木材やエネルギーを得るための**薪炭材**《しんたんざい》としての需要が急速に高まり，森林の過剰な伐採が進んだ。薪《まき》や堆肥の材料になる落葉広葉樹の森はいまよりもずっと多かったはずだが，この頃までに日本の森林の多くは禿山になっていた。先にも述べた三大禿山である岡山と愛知は焼き物の産地であり，滋賀県は古くから京都や奈良の都への森林資源生産の場であった。

現在の森林組合の前身とも呼ぶべき組織は，明治に入り「山林組合」や「民林保護組合」などと呼ばれる組織として 1880 年代に生まれた。その後，日清・日露戦争を経た国内産業の発展に伴い，木材需要はさらに拡大し，林業を通じた資源保続の必要性が認識され，1907 年の森林法改正を迎えてようやく森林組合に関する規定が設けられた。

その後，1939 年の戦時下に再度改正され，軍事物資需要に対する安定的な木材の供給が最優先にされた内容になった。1945 年に終戦を迎えると，日本の多くの団体と同様に，林業関係の組織も民営化路線に向かう。1978 年に「森林組合法」が単独立法として制定され，現在の森林組合はこれに基づき存在している[4)]。

3.5 近代における木材需要の変化

終戦以後の国内での木材需要の推移を図 3.4 に示した。終戦から 11 年後の 1956 年に経済企画庁は，経済白書「日本経済の成長と近代化」の結びにて「もはや戦後ではない」とその当時の日本の経済状況を表現した。一人当りの実質国民総生産（GNP）が，1955 年に戦前の水準を超えたという意味である。このころ，日本は高度経済成長期（1955～1973年）に突入していた。木材に代わって鉄筋コンクリートが大型構造物の主役となったのも，この頃である。1964年には東京オリンピックが開催され，その前年には東海道新幹線が開通している。このころまでには，木材の製材や丸太の需要自体が完全に打ち止めとなっており，わずかな需要も安価な輸入材に依存するようになっていた（図3.4）。山村では，高齢化や過疎化が進行し林業家の高齢化も進んだ。

近年用途は変化しており，2014年度の木材の用途の上位は，パルプ材42.1％（国産7.0％），丸太16.8％（国産1.2％），製材29.5％（国産16.8％），合板10.8％（国産4.6％）であった[5]。国産材の自給率は2002年に最低値18.8％を示したのち，近年上昇傾向にあり，2017年度は34.8％となっている[6]。

昭和40年代後半（1970年代）には，工業地帯での大気汚染や水質汚染が極まり，公害も多く発生した。国民は，野外でのレクリエーションで休日を過ごし，原生的な自然環境へのあこがれや保全への意識が高まった。原生的な自然環境などの優れた地域の保全を目的とした法律（自然環境保全法，1972年）が制定される一方で，利用規制のない価格の安い森林（保安林以外の普通林）では，ゴルフ場・別荘などを主体とした広域で急速な開発が過熱化した。そのため，森林法の改正（1974年）により森林開発に対する規制が強化された。昭和50年代（1975～1985年）には，木材需要自体も頭打ちとなった。

バブル期（1986～1991年）には，スキー場，ゴルフ場，リゾートホテルなどの開発競争が激化し，森林面積の低下が生じた。1985年以降は円高により輸入材価格がさらに低下し，国産材の外材との競争力はさらに低下し，人工林の管理放棄は加速化した。バブル崩壊（1991～1993年）から近年では，景気が後退し破産などによりスキー場やゴルフ場などが管理放棄され，木材需要はすでに頭打ちとなっており，山間地域での過疎化・高齢化は加速化し，さらに人工林の管理放棄が進んだと思われる。これに伴い，森林所有者による自発的な森林整備は望めなくなり，森林法では1998年の改正で市町村への森林管理の役割を強化し，2001年のさらなる改正で森林所有者以外でも委託を受ければ森林施業計画を作成可能にするなどの対応がとられた。すでに，この頃の国民の森林へのニーズは，「公益的機能（多面的機能）」に変化していることが，林野庁のアンケート調査報告で明言されている。**表 3.1** に，森林の多面的機能[7]を示した。あなたの身の回りにある森林では，どの機能が重要であろうか。ぜひ，持続性の観点から考えてみて欲しい。

表 3.1　森林の多面的機能

機　能	内　容
物質生産機能	木材などの林産物の生産
水源涵養機能	洪水緩和，水資源貯留，水質浄化など
土砂災害防止機能/土壌保全機能	土砂災害や土壌の流出を防ぐ
生物多様性機能	多様な生物を育む場
快適環境形成機能	ヒートアイランド現象の緩和など
地球環境保全機能	二酸化炭素の吸収・固定，化石燃料の代替エネルギー
文化機能	景観による自然観の形成，環境教育など
保健・レクリエーション機能	森林浴，ストレス緩和など

3.6 今後も生態系サービスを享受するには

天然資源の少ない国と思われている日本だが，森林資源（森林面積）は先進国の中でもトップクラスである。そのような国が，他国の森林資源を輸入し，自国の森林の 4 割にもなる人工林の多くを管理放棄して公的機能を劣化させている。また，山や草原の住人であったイノシシやシカなどによる獣害も都市に迫ってくる時代になった。近年突発的な集中豪雨も頻発し，土砂災害も多発傾向にある。これまではあたりまえに享受してきた森林由来の生態系サービスであるが，果たして安心で持続的な状況と言えるだろうか。持続可能にするために国，地方自治体，市民団体，企業，研究者，教育者，個人がすべきことは何であろうか。改めて考えてほしい。

引用・引用文献

1）上野薫・南基泰 編著：『土岐川・庄内川源流 森の健康診断－恵那の森からの学び－』，pp.24 ～ 27，風媒社（2016）

2）林野庁：平成 29 年度 森林・林業白書，参考付表 4. 我が国の森林資源の現況，
http://www.rinya.maff.go.jp/j/kikaku/hakusyo/20hakusho/pdf/s_2.pdf
（2019 年 7 月 8 日現在）

3）林野庁経営課：森林組合の現状（2014），
www.rinya.maff.go.jp/j/keiei/kumiai/pdf/260328.pdf（2015 年 11 月 30 日現在）

4）都築伸行：森林組合の森林・林業政策における役割と事業展開，日本大学経済科学研究所紀要（**40**）pp.121 ～ 133，日本大学経済科学研究所（2010）

5）林野庁：平成 27 年度 森林・林業白書 第 1 部 森林及び林業の動向，第Ⅳ章 木材産業と木材利用，
http://www.rinya.maff.go.jp/j/kikaku/hakusyo/27hakusyo/pdf/15hon4-1.pdf
（2019 年 7 月 8 日現在）

6）林野庁：平成 28 年度 森林・林業白書，第 1 部 第Ⅳ章 第 1 節 木材需給の動向（2），我が国の木材需要量の推移，
http://www.rinya.maff.go.jp/j/kikaku/hakusyo/28hakusyo_h/all/chap4_2.html
（2019 年 7 月 8 日現在）

7）林野庁：森林の有する多面的機能，
http://www.rinya.maff.go.jp/j/keikaku/tamenteki/con_1.html （2019 年 7 月 8 日現在）

コラム 3.1

微生物と持続社会

〔1〕 微生物の世界と文化

あなたは微生物を好きですか？　そう聞かれて「好き」と答える人はあまりいないかもしれない。一般的に，人の命を奪うこともある病原菌や，食品に生えたカビなどマイナスイメージがあるのではないだろうか（**表1**）。

表1　人間にとって良いカビ（善玉カビ）と悪いカビ（悪玉カビ）の例

善玉カビ	悪玉カビ
・酵素（アミラーゼ，プロテアーゼ，セルラーゼ） → 酒，酢，味噌，しょうゆ，酸味料などの製造に利用 ・有機酸（イタコン酸など） → 接着剤，ペンキ，樹脂などの工業原料として利用 ・ビタミンを生産 ・抗生物質を生産	・さまざまな病原菌がある （例）　肺感染症 皮膚感染症 がん

そもそも微生物とは何だろうか。微生物は肉眼では確認できない小さなものがほとんどであるが，私たちの周りのどこにでもおり，古くから人類はさまざまな恩恵を受けてきた。私たちの体の皮膚や腸に常在するさまざまな菌は，私たちの健康を保つために役立っている。微生物の貢献を感じ取りやすい例は食品分野である。菌体をそのまま食するキノコは専門的には担子菌と呼ばれ，酵母やカビに比較的近い微生物である。ほかにも，酒，味噌，かつお節，みりん，醤油，納豆，パン，ヨーグルト，チーズなどに代表されるように伝統的な醸造にも酵母，カビ，細菌などさまざまな微生物を積極的に活用してきた。このような食品への微生物の利用は有史以前から行われてきており，オールド・バイオテクノロジーと呼ばれる。一方，一般の方がイメージするいわゆる（新しい）バイオテクノロジーもまた，現代のわれわれの生活にとって不可欠なテクノロジーである。

〔2〕 微生物にまつわる“新しい”バイオテクノロジー

現代的な微生物バイオテクノロジーはおもに物質生産と排水などの処理に分けられる。微生物は診断薬，治療薬，化学調味料，化学原料などさまざまな物質生産にも用いられてきた。また，各家庭から排出される生活排水は浄化槽や下水処理場で無害化の処理後に環境に放流されるが，これらの設備では微生物の働きで BOD（biochemical oxygen demand）†を減少させている。微生物を用いて有害物質を分解する研究も盛んである。

〔3〕 微生物の力で地球温暖化問題とエネルギー問題の同時解決を目指す

（a） 石油利用の問題点

二酸化炭素排出量の削減が叫ばれて久しい。産業革命以降，石油は熱量が大きく，なおかつ取り扱いが容易な有用な燃料として広く利用されてきた。また第二次世界大戦以降はビニールや樹脂など化成品の安価な原材料としても用途が生まれ，燃料と同様にわれわれの生活にきわめて重要な資源となった。

まず，石油を燃料として用いる場合の問題点を見てみよう。石油は地下の油田に存在する。これを地上に汲み上げ，燃焼によって元よりもはるかに体積の大きい二酸化炭素を発生させ，地球全体から見れば地球表面に薄皮のように存在する大気圏に二酸化炭素を放出するわけである。こうして大気中の二酸化炭素濃度が増加し，地球温暖化を引き起こす。

石油についてはもう一つ，石油資源の枯渇という問題がある。これは燃料として用いる場合にも原材料として用いる場合にも共通の問題である。生物の遺骸から石油が生成されるには数十万年の時間を要するといわれるが，人間が石油を汲み上げる速度のほうがずっと大きい。すなわち「作る」よりも「使う」ペースのほうがずっと大きい。つまり，いずれ石油が枯渇することは明白である。

---

† 微生物が有機物などを酸化分解するには酸素が必要であり，有機物が多ければ，それだけ多くの酸素が必要となる。BOD とは，ある水中に含まれる有機物の量を，それをすべて微生物が酸化分解するのに必要となる酸素の量で表したものである。BOD は生物化学的酸素要求量，もしくは生物化学的酸素消費量ともいい，最も一般的な水質指標の一つである。一般に，BOD の値が大きいほど，その水質は悪い。

そこで，脱石油社会の構築を目指し，さまざまな代替エネルギーの開発が進められてきた。原子力については二酸化炭素を放出しないが安全性の点で懸念があるうえに，燃料であるウラン資源も有限である。太陽光発電については技術開発が著しいが，発電パネルの耐久性や自然に与える影響など技術面の問題に加え，制度の将来なども含めると不確定な部分が残る。しかもたとえ将来，原子力や太陽光，その他の発電方法が安全かつ高効率で実現されたとしても，この石油にまつわる問題は半分しか解決できない。石油は上述のようにエネルギーだけなく化成品原料としても重要だからである。

そこで，温暖化を緩和させる性質をもちつつ，持続可能な石油の代替エネルギーかつ代替原料として期待されているのが**バイオマス**（biomass）（生物資源）を原料とする**バイオ燃料**（biofuel）である。現在普及し始めているバイオ燃料にはバイオエタノールとバイオディーゼルがあり，それぞれ乗用車など小型自動車用のガソリン，バスやトラックなどの大型車用の軽油の代替品である。これらバイオ燃料は，つぎに説明するカーボンニュートラルと呼ばれる性質をもつ。

（b） カーボンニュートラルと微生物

バイオマスの利用により二酸化炭素の増加を緩和する性質をバイオエタノールを例に説明する。最初に，**図1**右上の「① 植物の光合成」から出発する。

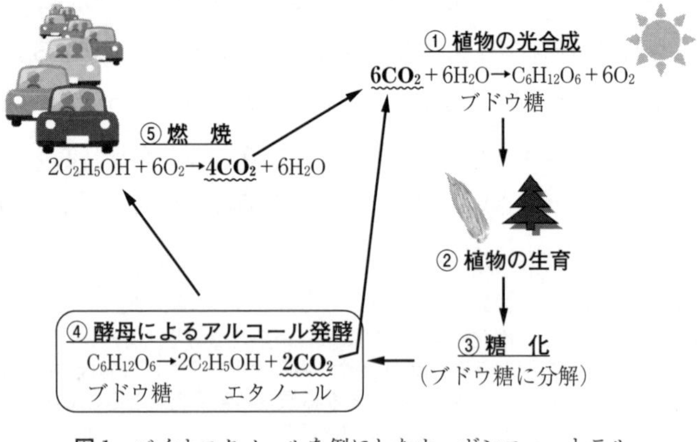

図1　バイオエタノールを例にしたカーボンニュートラル

① **植物の光合成**　植物は光合成により，1 反応当たり 6 分子の二酸化炭素（CO_2）を吸収する。

② **植物の育成**　光合成で得たエネルギーと糖により植物が育つ。

③ **糖　化**　糖化処理により植物をブドウ糖などにまで分解する。

④ **酵母によるアルコール発酵**　酵母を用いて，植物由来の糖からバイオエタノールを生産する（アルコール発酵時に 2 分子の CO_2 ができる）。

⑤ **燃　焼**　エタノールを燃料として使用する（燃焼時に 4 分子の CO_2 が排出される）。

ここで，①～⑤のサイクルが回り続けると，二酸化炭素（CO_2）の総量は変化しないことがわかる。このような性質を**カーボンニュートラル**（carbon neutral）と呼び，新たに地中から汲み出さないので二酸化炭素濃度の増加を抑えることができるという理論である。また，現在と同レベルの太陽光が地球に届き続ける限り，エネルギー資源が枯渇する心配もない。さらに，ここではバイオエタノールを例に説明したが，エネルギー用途に限らず，原料用途の物質を生産することも理論的には可能である。このようにバイオマスを有効利用した社会の構築は，温暖化問題と資源問題の両方の対策になるとして大変有望視されている。

ここで紹介したバイオエタノールはガソリンの代替品として理想的に見えるが，じつはその普及が新たな問題を引き起こしている。それは食糧問題である。現在のバイオエタノールはアルコール飲料とほぼ同じで，われわれの食料であるサトウキビや穀物が原料である。バイオエタノールの普及に伴い，燃料と食糧の用途競合が世界的に発生した†。そこで，われわれの食料，なかでも主食である“食糧”と競合しないバイオマスの利用が重要である。バイオエタノールは酵母がブドウ糖（グルコース）を取り込んでアルコール発酵することで製造されている。じつはこのブドウ糖は草木の主成分であるセルロースに含まれている。われわれヒトは消化器にセルロースを分解する酵素をもたないた

---

† 7.2 節も参照。

め草木を食べることはない。すなわち，セルロース性バイオマスはわれわれの食糧と競合しないことから次世代バイオエタノールとして期待されている。

稲わらや，木造住宅の建築や取り壊し，剪定などから出た廃木材，古紙などもセルロース性バイオマスであり，廃棄物の有価物化の観点からも有望である。セルロースの糖化（分解）はセルロース性バイオマス利用の第1ステップである。セルロースはきわめて強固で安定な構造であるが，森林の樹木がいずれ朽ち果てて土に還るように，さまざまな細菌，カビ，キノコがセルロース分解能をもっており，森林ではこれらの微生物が協力して落ち葉や草木を分解している。硫酸などを用いてセルロースを分解する方法もあるが問題も多いため，微生物の能力を活用したセルロース系バイオマスからの次世代バイオエタノール生産の研究が盛んである。

また，バイオエタノールだけではなく，セルロースから得られるブドウ糖を燃料として微生物の機能を用いて発電する微生物燃料電池も研究されている。さらに，エネルギー用途以外にも，セルロースを糖化して得られたブドウ糖を原料として，微生物を用いてさまざまな医薬品原料や化学工業原料など高価で有用な物質に変換できると考えられ，本当の意味での脱石油社会構築に向けて世界中で精力的に研究が進められている。

コラム3.2

ビタミンの話

われわれ人間が生命活動を行う，すなわち，生存し，成長するためには，食事をして食物を摂取し続けなければならない。通常，人間の最初の食物は母乳であるが，その後の成長に伴い，動物性，植物性および真菌類性などのさまざまな生物由来の食物を摂取し続けていく。したがって，食物はわれわれにとって最も身近でかつ必須の，地球上の多くの生物に関わる「持続学」のテーマであると言える。

さまざまな食物の成分の中で，**ビタミン**（vitamin）はよく耳にする言葉であるが，正確に説明できる人は少ないかもしれない。何となく，たくさん食べれば力になりそう，健康に良さそう，というイメージがあるかもしれない。たしかにビタミンはわれわれにとってなくてはならないものだが，必要以上にあっても無駄なものでもある。専門的に一口にいえば，ビタミンとは微量有機栄養素である。すなわち，正常な生命活動を営むために必要不可欠な栄養素であるが，その必要量を体内で作れないため，体外から取り入れなければならない有機化合物の中で，必要量が微量であるものの総称である。ビタミンという名前は，1912年にビタミン B_1 が発見されたときに，生命（vital）に必要な，そして，窒素を含むアミン化合物（amine）という意味で付けられた。その後，さまざまなビタミンが発見され，アミンではない化合物も少なくないが，それらもすべてビタミンと名付けられている。

生物が正常な生命活動の維持のために体内に取り入れる必要がある成分，すなわち栄養素は，有機化合物および無機質（ミネラル）に分けられる。生物の体を構成する細胞は水と無機質以外は有機化合物からできており，食物に含まれる成分は，消化によりいったん分解された後，吸収され，それらを利用して細胞の中で特有の必要な有機化合物が新たに合成され，エネルギー生成や細胞の増殖などに利用されることで生命が成り立っている。細胞に必要な有機化合物には，糖質，タンパク質，脂質の3大栄養素に加え，ビタミンが含まれる。

前述のように，ビタミンとは体の中で新たに作ることができない有機化合物で，しかも生命に必須な微量化合物であり，必ず摂取しなければさまざまな欠乏症を引き起こす。ただし，必要量は微量であるため，過剰に摂取しても意味がない，もしくは過剰症の原因となるため注意が必要である。また，食生活が充実している現代の日本ではビタミン欠乏症は少なくなってきているが，高齢者や若者のアンバランスな食生活による潜在性欠乏症や，遺伝的疾患としてビタミン依存症（通常量を超える量を摂取しないと起こる症状の総称）が問題となっている。

ビタミンには，水に溶ける水溶性ビタミンと水には不溶で油脂に溶ける脂溶性ビタミンがある。現在，水溶性ビタミンとしてビタミン B_1，B_2，B_6，B_{12}，ナイアシン（B_3），パントテン酸（B_5），ビオチン（B_7），葉酸（B_9），ビタミンC，脂溶性ビタミンとして，ビタミンA，D，E，Kの合計13種類の化合物がビタミンと呼ばれている[†]。微量で必須という点では，ホルモンもビタミンと似ているが，ビタミンは体内で合成できず体外から摂取しなければならないのに対し，ホルモンは体内で作られる点で異なる。すなわち，一部の例外を除いて，ヒトや哺乳動物はほとんどのビタミンを自らの体内で作ることができないが，植物や微生物はさまざまなビタミンを作る能力をもっているため，われわれはそれらを食物として摂取して必要量を満たしているわけである。言い換えれば，地球上で多くの人間が安定的に繁栄できているのは，植物性および真菌類性の食物資源を大量かつ新鮮な状態で利用可能となったためであり，まさに地球上の多様で豊かな植物や微生物（菌類）がわれわれの生命活動を支えているわけである。

ビタミンCは，13種類のビタミンの中で最もよく耳にするものであろう。野菜や果物に多量に含まれており，現代では摂取量が不足することは稀である

† ビタミンB群の番号の欠番は，発見以降の研究により重複していたものやビタミンの定義から外れたものが省かれたためである。また，B_3，B_5，B_7 および B_9 は発見の経緯からそれぞれナイアシン，パントテン酸，ビオチンおよび葉酸という化学名が通称となっている。ビタミンKは，その血液凝固（koagulation）作用に因んでビタミンKと命名された。

ため，普段ほとんどその重要性を意識することがない。ビタミンCは動物の骨や皮膚，血管などの結合組織の主要な成分として体タンパク質の1/3を占めるコラーゲンの合成に必須であり，ビタミンCが不足すると，出血性の障害が体内の各器官で生じる壊血病の原因となる。したがって，昔は戦時の遠征や帆船による航海の際の長期に渡る新鮮な野菜や果物の摂取不足に起因して発症し，多数の犠牲者が生じていた。その後，1930年代に野菜や果物に含まれるビタミンCが「抗（anti）壊血病（scorbic）作用をする酸（acid）」として発見され，**アスコルビン酸**（L-ascorbic acid）という化学的慣用名が与えられた。そのほかにも，ビタミンCは動物体内で抗酸化，骨形成，アミノ酸やホルモン代謝などの非常に多岐に渡る役割を果たしている。

じつは，ほとんどの哺乳動物はビタミンCを自らの体内で合成できるが，ヒトを含む霊長類と一部の鳥類のみが体内で合成できないため，ビタミンとされている。興味深いことに，ヒトの遺伝子を調べてみると，ビタミンC合成に必要な遺伝子に突然変異が多数生じている状態であることから，ヒトの祖先はビタミンCの合成能力を保有していたと考えられている。ビタミンCは炭素原子を骨格とするグルコースなどの糖に類似した化学構造からなるため（**図1**），体内で合成される場合は糖を材料にして行われている。一方で，糖はエネルギー生産やその他の有機化合物合成のための材料としても重要であるため，摂取した食物中の糖の用途を必要に応じてうまく分配する必要がある。ヒトは

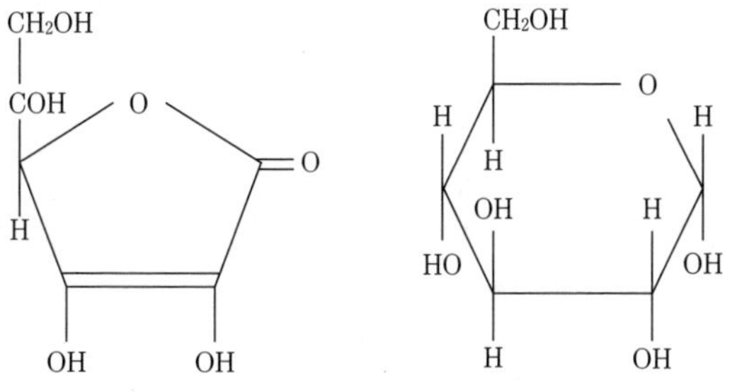

（a）　ビタミンC　　　（b）　グルコース

図1　ビタミンCとグルコースの構造

進化の過程で，農耕技術の発達に伴って野菜や果物から比較的容易に摂取できるビタミンCの合成能力を失う代わりに，糖をエネルギー生産などのほかの用途に多量に利用できる能力を獲得したことで，生存競争を有利にしてきたのかもしれない。

一方，われわれの主要なビタミンCの摂取源となる植物は，もちろんわれわれに供給するためにビタミンCを作っているわけではなく，植物においてもビタミンCは抗酸化，光合成，他の有機化合物の合成などにおいて必須の成分である。植物は動物と比べてビタミンC合成能力が優れており，その量は細胞壁やデンプンを除いた可溶性糖質の中で最大約10%にも達する。この豊富なビタミンCは，逃げる術をもたない植物が悪環境に耐え抜く能力に優れている理由の一つとなっている。

では，どのようにして植物は動物よりも多量にビタミンCを作ることができるのだろうか？　植物は独立栄養生物[†1]であり，光合成により自ら体内で糖を作ることができるが，上述のように糖はエネルギー生産などの材料として重要であるため，すべての糖をビタミンC合成のみに利用してよいわけではない。したがって，正常に生育しつつ必要十分な量のビタミンCを蓄積するためには，ビタミンC合成量を厳密に制御する必要がある。驚くべきことに，植物におけるビタミンCの合成の仕組み（生合成経路）については，ビタミンCの発見以降の化学的特性や生理的役割に関する知見の蓄積に反して，長らく明らかになっていなかった。しかし，2000年に，モデル植物であるシロイヌナズナ[†2]（**図2**）のビタミンC欠乏変異体が単離されて以降，加速度的に

---

† 1　糖や脂質などの有機化合物の摂取を必要とせずに無機化合物のみを利用して生育できる生物。植物は光合成により光エネルギーを利用して，自らの体内で無機化合物の二酸化炭素（CO_2）から糖（グルコース，$C_6H_{12}O_6$ など）や脂質（パルミチン酸，$C_{16}H_{32}O_2$ など）を合成することができる。

† 2　アブラナ科の一年草で，産業的な価値がない雑草であるが，植物の研究を行う上での代表的なモデル植物である。育てるのに場所を取らない，発芽から種を付けるまでの期間が短い，ゲノムサイズが小さいなど，遺伝学的な研究を進める点での利点が多い。全世界に分布し，多くのエコタイプ（地域の環境に合わせて性質が分化し，遺伝的に固定されている型）があることから，進化の研究にも使われる。

図 2　水耕培地で栽培したシロイヌナズナ

進展し，今日では光合成の産物である糖の一種，D-フルクトースをもとに，D-マンノース，L-ガラクトースへと構造を変換する経路によりビタミン C が合成されていることが明らかになっている。

この経路は，ビタミン C が多量に蓄積している葉で働いており，葉に当たる光の強さや時間に依存してビタミン C 合成量が増加する。これは，ビタミン C の材料である糖も葉に当たる光の強さや時間に依存して多量に合成されることから合理的である。現在では，これらの知見を基に環境条件の変更や遺伝子組み換えなどの手法を利用して，植物の葉におけるビタミン C 量を数倍にまで増加させることが可能である。一方で，植物におけるビタミン C 合成量は，植物種，栽培品種，生育段階の違いなどにより大きく異なっている。さらに，植物のビタミン C 量は光以外のさまざまな環境要因によっても影響を受けるが，それらの直接的な原因は明らかになっていない。また，葉と同様に，植物種によっては葉以上にビタミン C を蓄積する器官である果実において，どのようにビタミン C が合成されているのか？　葉で合成されたビタミン C が果実に輸送されているのか？　についてはほとんど不明なままである。

このように，ビタミン C に関する現在の科学的知見はまだ限られている。ビタミン E などほかのいくつかのビタミンでも同様の状況である。もし，これらの全容が明らかになれば，サプリメントなどに頼らずとも，現在の数倍のビタミンが摂取できる野菜や果物も作出可能となり，先進国での食生活の改善による健康増進や疾病予防だけでなく，開発途上国での栄養状態の改善に大きく寄与できるはずである。ぜひ，「持続学のすすめ」を学ぶ中で，最も身近な食や栄養，さらにはそれらをわれわれに提供してくれている植物や微生物についても興味をもって学んでほしい。

4. 住宅・建築の省エネルギーと持続

持続学のすすめ

われわれの生活・社会活動は多くのエネルギー消費に支えられている。そのため，持続可能な社会を構築するには，エネルギーの効率的な利用が不可欠である。世界で使われるエネルギーの36%が建物で使われるエネルギーである[1)]。また，住宅・建物はわれわれが生涯の90%の時間を過ごす場所である[2)]。そのため，われわれが快適，安全，健康的に活動するためには室内環境の保持が重要であり，その実現は効率的に行われる必要がある。本章では，住宅・建物でどのようにエネルギーが使われているかを解説し，その効率的な運用についての考え方を示す。エネルギー消費と建築の関係を理解するための知識を身につけていただき，持続可能な社会の構築に役立ててほしい。

4.1 住宅のエネルギー消費

初めに，身近な住宅から考えていく。住宅で使われるエネルギーの用途は，冷房，暖房，ちゅう房，給湯，家電の五つに大きく分類される。住宅における1年間のエネルギー消費の割合を，グラフにしたものを**図4.1**に示す[3)]。ここで見てわかるように，住宅では冷房のエネルギー消費比率が小さく給湯の比率が大きいことがわかる。また，読者の方々は冷房の比率が小さいことを意外に思われるかもしれない。**図4.2**は中部大学の建築学科1年生の学生に住宅のエネルギー消費割合を予想してもらうアンケートを行った結果であるが，これを見ると冷房の割合が大きくなっている一方，給湯とちゅう房の割合が小さくなっていることがわかる。特に知識がない場合，一般的な感覚ではこのようなイメージではないだろうか。

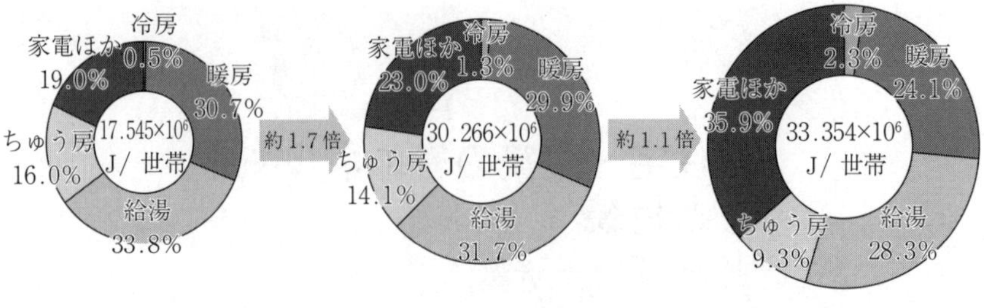

（a）1965 年度　　（b）1973 年度　　（c）2016 年度

図 4.1　住宅における用途別エネルギー消費割合[3)]

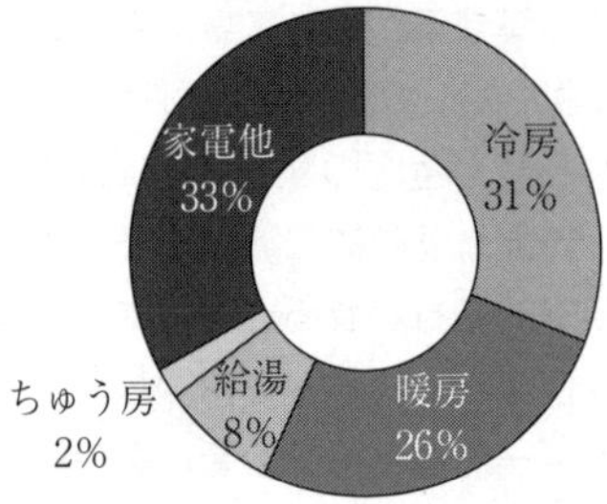

図 4.2　中部大学建築学科 1 年生の住宅のエネルギー消費割合の予想

こうした事情から，環境問題を意識する人ほど冷房を止める傾向にあるようだが，冷房のエネルギー消費の割合は元々小さいのでその省エネルギー効果は期待するほど大きくはない。夏場に冷房を止めて過ごしたとしても，汗をかいてシャワーを浴びてしまうようでは元も子もない。暑い時期は無理をせず，適度に冷房を使うことをおすすめする。

次項からは，先に述べた五つの分類のうち代表的なものを挙げ，それらの分野でどのようにエネルギーが使われているかを考えてみたい。

【考えてみよう】一次エネルギー

エネルギーはさまざまな形態をとる。わが国の電気エネルギーの一部は火力発電所で作られている。輸入した天然ガスや石炭を燃焼させ，それによって発電機を動かして電気を生み出している。電気エネルギーはこのように加工されたエネルギーであり，その消費量や効率を検討する場合には，天然ガスや石炭などの加工されていない原料のエネルギーをもとにして考える必要がある。こうした加工されていないエネルギーを一次エネルギーという。

4.1.1　冷　暖　房

図 4.3 は住宅における冷暖房の使用についてアンケートを行った研究例[4]を示している。グラフの縦軸は冷暖房の使用率，横軸は時期となっている。このうち冷房のデータを見てみると，冷房の使用率の全国平均は盛夏でも 100%に到達していないことがわかる。つまり，夏期でも冷房を使用しない住宅があるということである。また，北海道・東北のような寒冷なところでは年によっては冷房が使用されないこともある。それ以外の地域でも，冷房の使用率がピークに達する期間は 1 年のうち，長くても 7 月半ばから 9 月の初めまでのひと月半程度である。

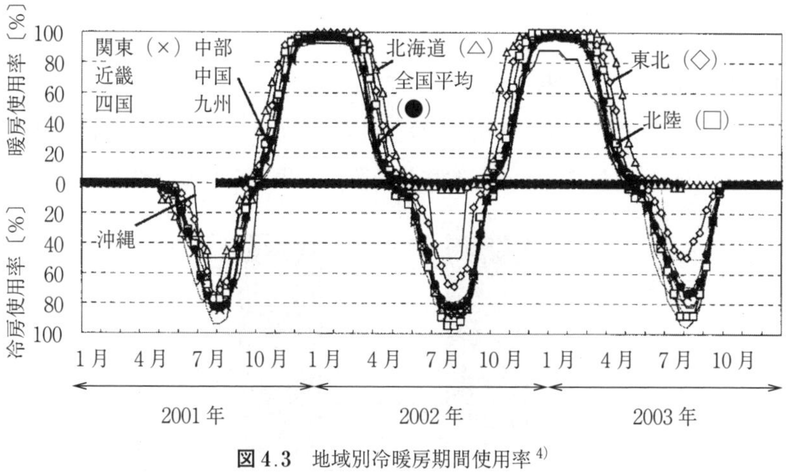

図 4.3　地域別冷暖房期間使用率[4]

一方暖房のデータを見ると，冬期の使用率の全国平均はほぼ 100%であり，冷房と異なり暖房はどこの住宅でも使用する。また使用率がピークに達する期間を見てみると一年のうち 12 月の初めから 3 月の初めまでの約四か月間と冷房に比べてはっきりと長くなっている。

この違いについて，冷房・暖房の使用時間帯の観点から考察をしてみよう。一般的な気温の変化から考えると，一日のうち1番寒い時間帯は明け方であり，1番暑い時間帯は昼間となる。ここで，家庭における冷暖房使用の状況を思い起こしてみると，暖房は起床して人々が活動を始める朝から使われ始めるのに対し，冷房は1番暑い昼間は家に人がいないことが多く，夕方になって帰宅した住人たちが食卓を囲むあたりから使用されるケースが多いことに気づく。しかも，地域や気候によっては暖房を一日中使用している場合もあるので，こうした事情から，暖房は冷房に比べて使用率が高くなるのではないかと予想できる。

暖房はガス・灯油ストーブという燃焼器具で行われる場合もあるが，冷房はエアコンでしか行えない。後述するようにエアコンで冷熱・温熱を作るのは非常に効率が良く，また最近の技術開発でエアコンの効率は上がっており，一般の人々が考えるよりも冷房のエネルギー消費は少ない。

4.1.2　給　　　湯

水は熱容量の大きな物質であるため，温めたり冷やしたりするのに多量のエネルギーが必要な物質である。給水設備設計に用いられる指標である給水量

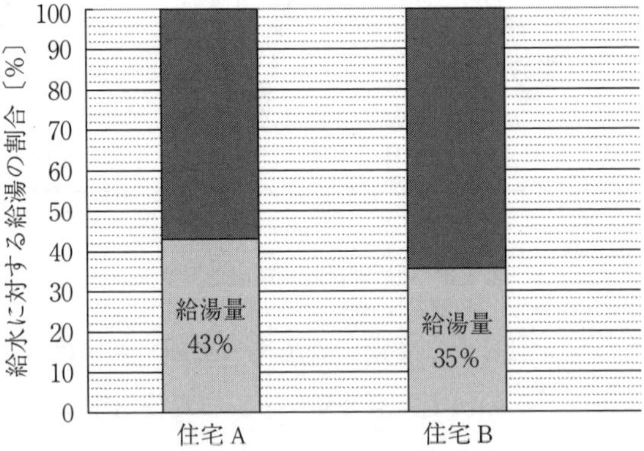

図4.4　ある住宅における給水に対する湯の割合
（筆者らの調査による）

は，一般的な住宅で一日につき一人当り 200 ～ 300 L とされているが[5)]，住宅に供給された水のうちの少なくない割合が湯として使用されている。**図 4.4** は筆者の研究室で計測したある住宅における給水に対する湯の割合であり，40% 程度が湯として使われていた。日本人には入浴の習慣があり，また日本の一般的な住宅で使用される浴槽は 200 L くらいの容量であるので，入浴のために毎日 200 L の湯を使用する。これに加えてシャワーや，洗い物で湯を使用すると考えると，住宅における給湯によるエネルギー消費は大きくなると想定される。

【考えてみよう】水という物質

物質は熱エネルギーをもっている。これはその物質を構成する分子の運動の度合いであり，それを表す指標が温度である。すなわち同じ物質でも温度が高ければもっている熱エネルギーが大きくなり，低ければ小さくなるということである。熱エネルギーの量を直接測定することはできないが，温度を測定することでそれを推し量ることは可能である。物質 1 kg 当りの温度と熱エネルギーの関係を表すものを比熱 C といい，次式で表される。

$$C=\frac{\Delta Q}{\Delta t}=\frac{\text{エネルギーの変化量}}{\text{温度の変化}}$$

比熱の値が必要な際，通常は圧力一定の場合の定圧比熱を用いる。表 1 に身近な物質の比熱の値を示すが，水の値が非常に大きいことがわかる。したがって，水を温めたり冷やしたりするのには大きなエネルギーが必要になる。

表 1　身近な物質の比熱値

物質	比熱〔J/(kg・K)〕	密度〔kg/m^3〕	容積比熱〔J/(m^3・K)〕
水	4 200	1 000	4 200 000
コンクリート	880	2 300	2 024 000
鉄	500	7 800	3 900 000
木材	1 300	500	650 000
ガラス	750	2 540	1 905 000
空気	1 000	1.2	1 200

4.1.3 家　　　電

一口に家電といってもさまざまなものがあるが，ここではテレビと照明を例にとってエネルギー消費を考察してみる。

テレビについて考えると，最近のテレビは薄型化によってかつてのブラウン管式のものからエネルギー消費の値は半分くらいにまで減っている。しかしサイズが大きなものが増えてきたため，実際のエネルギー消費は必ずしも半減ということにはならないだろう。

一方照明のほうはというと，近年多く用いられているLED（発光ダイオード）は従来の電球に比べて効率の良い照明方式であるので，今後LEDの普及率が高まれば照明によるエネルギー消費は減っていくと考えられる。

4.2 ビルのエネルギー消費

学校や事務所のような一般の住宅よりも規模が大きい建物，いわゆるオフィスビルにおける用途別のエネルギー消費の割合を**図4.5**に示す[6]。このうち熱源と熱搬送におけるエネルギー消費が空気調和（空調）用のエネルギー消費と

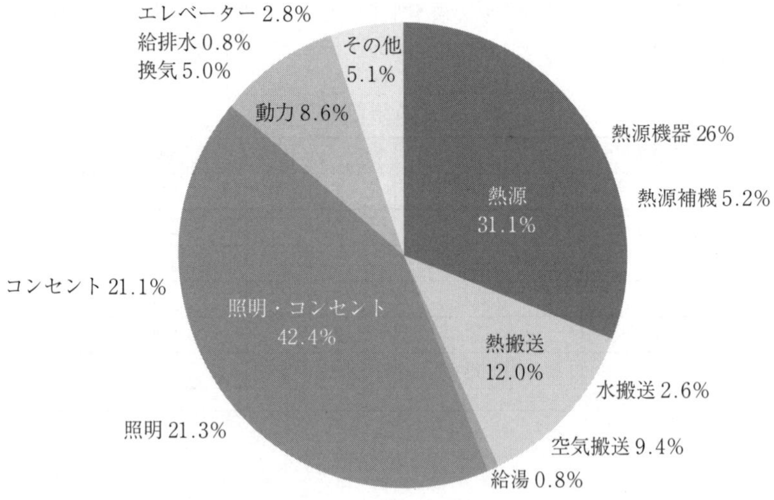

図4.5　オフィスビルにおける用途別のエネルギー消費の割合[6]

して扱われており，オフィスビルの場合，これらが全エネルギー消費のうちのほぼ半分を占めている。以下に，ビルのそれぞれの設備のエネルギー消費について説明する。

4.2.1　空　調　整　備

大きなビルの空気調和（空調）設備は，熱を発生させる熱源機器と，生み出した寒冷または温暖な空気と常温の空気とを熱交換する空気調和機（空調機）の二つがおもな構成要素である。空気調和設備の構成を**図 4.6** に示す。これを見ると，熱源機器からは配管を通って移動する水によって空調機に熱が供給され，空調機からは調整された空気がダクトを通して部屋に送られて循環する仕組みになっている。また，空調機には空気環境を維持するための換気設備も併設される。

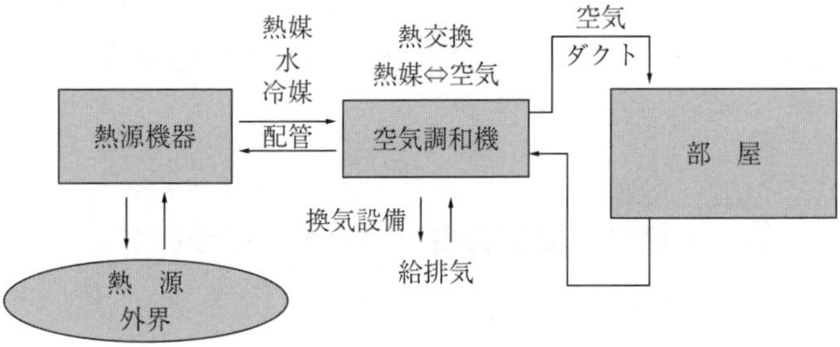

図 4.6　空気調和設備の構成

最近では図の空調設備ではなく，住宅のエアコン（圧縮式冷凍機の仕組みを用いたヒートポンプ，4.3.1 項を参照）を大型化したビル用マルチパッケージ型空調システムが用いられることも多い。いずれにしても，空調設備は熱を移動させる装置なので，冷房の場合は熱の放出先が必要になる。

4.2.2　給　　排　　水

水は 1 m^3 で約 1 トンの重さをもっており，これを建物の上層階に移動させるためには持ち上げるためのエネルギーが必要になってくる。

この水の移動は，ポンプで加圧することによって実現される。例えばビルの場合には水道管からの給水をいったん受水槽に貯めたのち，これをポンプで加圧することによってビルの各部に送っている。水を送る方式としてはビルの上部に設けられたタンクにポンプで水を貯め，そこから高低差を利用して送る方法と，受水槽からポンプで直接加圧して送る方法があり，マンションなどではポンプで直接加圧する方式が用いられることが多い。

4.2.3　電　気　設　備

電力は電圧と電流の積で表される。すなわち，低い電圧で大きな電力を使う場合は電流の値が大きくなければならない。しかし，大きな電流を建物に送るには太い電線が必要になるので，大電力を使用する建物には高電圧が供給されることになる。なかでも，50 kW を超える電力を使用する建物には約 6 000 V もの高電圧が供給され，これをそれぞれの建物で変圧して使用している。変圧は変圧器を用いて行われるので，これらの設備を設置する電気室が各建物で必要になる。

4.3　住宅・建築の省エネルギーについて

4.3.1　冷暖房の省エネルギー

住宅のエアコンが冷暖房装置として機能する仕組みは，圧縮式冷凍機と呼ばれるものである。これは，物質が気体から液体に変化するときに熱を放出し，液体から気体に変化するときに熱を吸収する現象を，物質の圧力を変化させて調整することにより連続的に発生させるものである。圧縮式冷凍機の仕組みを**図 4.7** に示す。

一般に，熱は温度の高いほうから低いほうに移動するが，冷凍機を用いることで逆に低いところから高いほうに熱を移動させることができる。これを空気の冷却に利用したものが冷房装置であり，加熱に利用したものが暖房装置であり，ヒートポンプと呼ばれる。

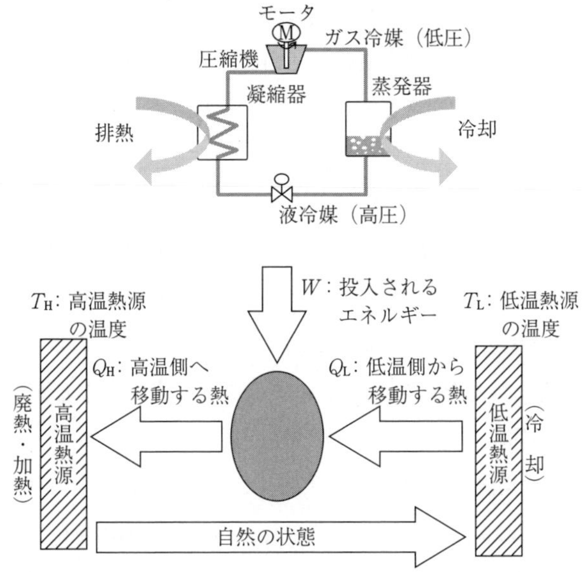

図 4.7　圧縮式冷凍機の仕組み

冷暖房装置は熱を移動させる装置であるので，投入したエネルギーよりも多くのエネルギーを移動することが可能である。そのときの効率 ε_R（Q_L と W の比）は冷房側と暖房側の温度で決まり，式（4.1）で表すことができる。

$$\varepsilon_R=\frac{T_L}{T_H-T_L} \tag{4.1}$$

また，冷暖房装置による部屋の熱取得は室内外の温度差に比例し，$k(T_H-T_L)$ と表される。k を熱損失係数という。熱取得分を賄うためのエネルギー E は，効率 ε_R が式（4.1）で示されるので，熱取得 $k(T_H-T_L)$ を効率 ε_R で除して

$$E=\frac{k(T_H-T_L)^2}{T_L} \tag{4.2}$$

となり，冷暖房装置のエネルギー消費が内外の温度差（T_H-T_L）の 2 乗に比例することがわかる。これを減らすためには熱損失係数 k を小さくして断熱性を高くすればよい。また，エネルギー消費 E は温度差 T_H-T_L の 2 乗に比例

するので，温度差を1/2にすればエネルギー消費は1/4になる。冷暖房の効率を上げるにはこの温度差をできるだけ小さくすることが必要であり，夏場に設定温度を上げ冬場に設定温度を下げるとよいといわれるのはこのためである。

4.3.2　給湯装置の省エネルギー

4.1節の【考えてみよう】で述べたように，水の加熱，冷却には大きなエネルギーが必要である。水の加熱には，ガスや灯油を燃焼させて発生した熱を移動させる方法が一般に用いられる。この方法は燃料の化学エネルギーを熱に変換するので，投入した燃料の発熱量をすべて熱に変えることができれば効率100%になるが，加熱の過程で必ず熱損失が発生する。

一般住宅の家庭用給湯器では，バーナーでガスを燃焼させて発生した熱を熱交換器で移すことにより水を加熱する。この際，ガスの燃焼により窒素酸化物（NOx）や硫黄酸化物（SOx）が発生し，これらが水に溶けることで酸性溶液となって熱交換器を腐食させることがある。これを防ぐため，多くの給湯器では排気ガスが高温になるようにしているが，温度が高いガスを排出することは給湯器の効率を低下させることになる。そこで近年では，熱効率を上げるために耐酸性のある熱交換器を採用し，排気ガスの温度を下げた潜熱回収型高効率ガス給湯器が開発され，普及しつつある。

水をヒートポンプの原理で加熱する給湯方式も考えられる。前述したようにヒートポンプでは投入したエネルギーより大きな熱を取り出すことができるので，燃焼式の給湯器の効率が上限100％であるのに比べて，それよりも大きな効率を達成できる。ただ，水は熱容量が大きく必要となる瞬間的な熱出力が大きくなるため，ヒートポンプで対応すると機器容量も電気容量も大きくなるので，貯湯槽を併用したシステムとなる。また，夜間に湯を沸かすように設定すれば安価な夜間電力を利用してコストを下げられるだろう。

4.3.3　太陽光発電システム

近年では屋根に太陽光発電システムを設置した住宅が多く見られるように

なっている。エネルギー効率の観点から考えると，太陽熱利用システムのほうが高効率であるが，太陽光発電は得られるエネルギーが電力の形であり，さまざまな用途に使えて利便性が高いことから，広く一般に普及している。

太陽光発電パネルには，○○ kW と出力が表示されているが，この出力は日射強度 1 000 W/m^2，パネル温度 25℃の標準試験条件で求められたものである。日射強度 1 000 W/m^2 は初夏の快晴時の正午の値に近く，太陽位置は時々刻々変化するので，表示された出力が得られる時間は短い。年間を通しての発電量を出力で割ると定格出力基準の相当運転時間が求められるが，我が国においては日照時間が一年で最も長い夏至の頃に梅雨に入るため，この時間は 1 000 時間程度となるのが一般的である。

太陽光発電の最大電力は 12 時頃に発生するが，昼頃は住宅には居住者がいないことが多く，蓄電池を設けなければ電力を自家消費することができない。余った電力を電力会社に買い取ってもらうことで電力の活用が可能だが，太陽電池を使用する家庭が局所的に集中すると電力会社の買取が追いつかず地域の電力バランスを崩すことになる。

4.3.4　ZEB，ZEH とは何か

建物の省エネルギー化の分野では，ZEB，ZEH などのキーワードがある。それぞれ Zero Energy Building, Zero Energy House のことである。もちろん，これらのワードは建物にまったくエネルギーが供給されない建物を意味するのではなく，建物のエネルギー消費について十分な省エネルギーを行い，建物自体や敷地内に太陽光発電システムを設置して，一年間のエネルギー消費量が発電によるエネルギーよりも少なくなるような建物のことをいう。また，さまざまな省エネルギー方策を適用して，一般的な建物から 50％以上エネルギー消費を削減した建物を ZEB Ready と呼び，その状態から創エネルギーによる分を差し引いた建物の消費エネルギーがゼロになると ZEB になる。

建物はわれわれが生活し活動をする場所であるため，その環境への要求は高くなりがちである。しかし快適な室内環境とエネルギー消費の削減は相反する

関係にあり，環境を良くしようとすればどうしてもエネルギー消費が増える。こうしたなかで熱負荷の小さい建物を設計したり，高効率な設備機器を採用することで建物のエネルギー消費の増加を抑える努力がなされている。しかしそれで実現できるエネルギー消費削減には限度があるので，創エネルギーを行うZEBという新たな建物の概念を導入し，快適かつエネルギー消費の少ない建物を実現しようとすることが最近の考え方となっている。

4.4 実態を理解して持続可能な社会に

以上のように本章では，住宅・建物のエネルギー消費の状況を説明しエネルギーの利用形態から省エネルギーについて説明した。持続可能な社会のためには，住宅・建物のエネルギーシステムが省エネルギーの観点から適正に設計および設備され，正しく運用されることが必要である。住宅・建物のエネルギー消費の実態と，それが利用される仕組みを理解していただけたならば，あとは読者自身で持続可能性を高める方法を考えていってほしい。

引用・参考文献

1) 国際エネルギー機関：Energy Efficiency: Buildings, https://www.iea.org/buildings/ (2019 年 1 月現在)
2) 日本建築学会：清浄空気・建築憲章, https://www.aij.or.jp/jpn/charter/healthcharter4.pdf (2019 年 7 月現在)
3) 資源エネルギー庁：エネルギー白書 2018
4) 水谷 傑，井上 隆，小熊 孝典，“住宅内における用途別エネルギー消費と住まい方の実態に関する研究：アンケート調査に基づく分析”，日本建築学会環境系論文集，第 609 号 (2006 年 11 月)
5) 公共建築協会：建築設備設計基準
6) 省エネルギーセンター：1. オフィスビルのエネルギー消費の特徴, https://www.eccj.or.jp/office_bldg/01.html (2019 年 1 月現在)

コラム 4.1

持続学の観点からエネルギー利用を考える

〔1〕エネルギーの質の話

工学部の学生らに,「熱エネルギー 100 万 J と電気エネルギー 100 万 J のどちらかをもらえるとしたら,どちらをもらったほうが得だと思いますか？」と聞くと,予想に反してほぼ同数の手が上がった。ここでいう「得」というのは,より多くの用途に使えたり,より多くのメリットをもたらすのはいずれかという意味である。電気エネルギー 100 万 J をもらったほうが得であるというのが正解であるが,半数の学生が間違った答えに至った原因として,「エネルギーの質」を理解していなかったからに違いない。

例えば,「ミネラルウォーター 1 L と雨水 1 L どちらをもらったほうが得か？」といった問いであれば,ほとんどの人がミネラルウォーターと正しく答えるに違いない。水質は,濁りがない,不純物が少ないなどで容易に理解し得るが,残念ながらエネルギーの場合は,水質のように誰もが容易に質を想像できるものではない。しかし,質を理解せずにエネルギーを使うことは,ミネラルウォーターを洗車に使い,雨水を飲むような,およそ文明人とはいえない愚行に至る恐れがある。「エネルギーの質」を理解する必要性がここにある。

前述の質問に話を戻して,なぜ同じ 100 万 J でも電気エネルギーのほうが得なのか,まずはいくつか具体例を元に説明したい。2018 年に西名古屋火力発電所 7-1 号が発電効率 63.08% を達成してギネス世界記録に認定された[1)]。これが意味することは,熱エネルギーは,ワールドレコードをもつ発電所をもってしても 63% しか電気に変換できないということだ。つまり,100 万 J の熱を電気に変換すると 63 万 J になってしまう。一方,電気を熱に変換するのであれば電気ヒーターなどを使って 100% 変換ができる。さらに例えば,エアコンの暖房のような仕組み（ヒートポンプという）を使うと元の電気エネルギーの 300% や 400% もの加熱が可能である。この点だけからでも,電気エネルギーがどれだけ質が高いエネルギーなのか,わかってもらえるのではないであろうか。

このエネルギーの質を表すのが，**エクセルギー率**と呼ばれるもので，エネルギーのうちの有効エネルギー（**エクセルギー**（exergy））の割合で定義される。エクセルギー率は，電気エネルギーでは1になる。一方，熱エネルギーは1 500℃でも0.64，100℃ではわずか0.10でしかない。このことからさらに，同じ熱エネルギーでも，より高温の熱エネルギーのほうがエネルギーの質が高いということがわかる。なぜ，より高温のほうがエネルギーの質が高いのか，なぜ，電気エネルギーが熱エネルギーより質が高いのか，ここでは式を使う代わりに，簡単な例で感覚的にもわかりやすい説明を試みたい。例えば，100℃の熱源はその熱を伝えてほかの物を500℃に加熱することはできない。しかし，1 000℃の熱源であれば500℃に加熱することも1 000℃に加熱することもできる。したがって，1 000℃の熱源は100℃の熱源よりも，より多くの用途に使うことができ，より多くのメリットをもたらすわけである。しかし，この1 000℃の熱源とて加熱は1 000℃までと限界があるが，電気エネルギーは理論的には際限なく高温まで加熱できる。したがって，電気エネルギーは最高のエクセルギー率である「1」であるわけだ。

〔2〕 エネルギー利用の観点から車を考える　―EVがもたらす変化―

近年，EV（電気自動車）が何かと話題であるが，エネルギー利用の観点からEVがもたらす変化について考えてみたい。EVでは，ガソリン車の燃料タンクとエンジンが，それぞれバッテリーとモーターに置き換わっているように見える。しかしながら，ガソリンが一次エネルギー（4.1節の【考えてみよう】一次エネルギーを参照），電気が二次エネルギーであることを踏まえると，燃料タンクからバッテリーに代わることは，エネルギー利用の観点からは大きな変化が生じている。ガソリン車とEVの比較に際し，シリーズ式ハイブリッドカーを踏まえて考えるとわかりやすい。

シリーズ式ハイブリッドカーとは，日産自動車ではe-POWERという名称で呼ばれているもので，エンジンは発電のみに使用され，ここで一次エネルギーは二次エネルギーに変換される。その電気はバッテリーの充電に使用され，モーターで二次エネルギーは仕事に変換される。したがってこのシリーズ式ハイブリッドカーは，ガソリンエンジンとEVの要素を合わせもっており，これを基準に考えれば，EVは燃料タンクとエンジンをなくしたもの，ガソリン車はバッテリーとモーターをなくしたものとなる。一次エネルギーから仕事までの一連のエネルギー変換を考えると，ガソリン車はそれだけで完結しているが，EVは一次エネルギーから二次エネルギーへの変換部分を備えていない。EVは発電装置を積載していないのである。EVが地上の発電設備に依存しているということは，EVの増加とともに発電設備の増強を必要とすることを意味する。燃料電池車の普及にインフラ整備が課題であるが，EVもまたインフラ整備として単に充電ステーションだけでなく，発電設備の増強も必要であることも合わせて考えたい。

加えて，2017年現在日本の電源構成は約8割[2)]を火力発電に頼っていることを踏まえると，EVそのものは走行中に二酸化炭素を排出するものではないが，発電の際に二酸化炭素を排出していることにも考えを巡らす必要がある。単純にEVにすることだけで二酸化炭素の排出抑制になるわけではなく，EVに電力を供給する電源構成も考慮しなければ，排出量の低減にはつながらないことへの理解が不可欠である。

そうはいってもEVでは，EVが一次エネルギーから二次エネルギーに変換する部分を積載していないことがもたらすメリットがあることも確かである。ガソリンエンジンの熱効率は現在の最高効率でも40%，将来展望されているエンジンでも50%であるが，前述の世界最高を記録した西名古屋火力発電所の熱効率は63%である。車の熱機関は，小型軽量を必要とされない火力発電所には太刀打ちできない。熱機関を積載する必要のないEVのメリットの一つである。加えて，EVでは一次エネルギーとしてガソリンや軽油以外の多種多様なエネルギー源を利用できるのも，見逃せないメリットである。コスト面で有利な石炭の利用も可能であるし，再生可能エネルギーを利用すれば二酸化炭素の排出を抑制できる。前述の西名古屋火力発電所はLNGを燃料とするが，LNGの二酸化炭素排出量はガソリンのおよそ2/3である。

車の動力の最適解は何であるかは，車にとどまらず社会全体のエネルギー利用の問題でもある。これは国やメーカーによって見解が異なるような問題であるだけに，今後はよりいっそう一人ひとりが自ら考える姿勢が求められるであろう。

引用・参考文献

1）中部電力株式会社：中部電力西名古屋火力発電所 7-1 号 世界最高効率のコンバインドサイクル発電設備としてギネス世界記録認定～発電効率 63.08％を達成～，プレスリリース 2018 年 3 月 27 日，
https://www.chuden.co.jp/corporate/publicity/pub_release/press/3267477_21432.html （2019 年 9 月 12 日現在）
2）資源エネルギー庁：2019 エネルギー白書について，経済産業省（2019 年 6 月），
https://www.enecho.meti.go.jp/about/whitepaper/2019gaiyou/whitepaper2019pdf_h30_nenji.pdf （2019 年 9 月 12 日現在）

5. 資源循環と持続

持続学のすすめ

昨今，地球的規模で廃棄物の排出量が増大しており，廃棄物の処理方法が大きな問題となっている。処理方法によっては，地球温暖化，環境汚染，自然・生態系の破壊など，さまざまな問題を引き起こすことになるからである。2020年現在，世界人口は70億人を突破し，人類の活動に伴う地球環境への負荷が増大したため，生存基盤である地球環境は存続の危機に瀕している。なかでも使用済みのプラスチック有効利用率の低さと，海洋プラスチックなどによる環境汚染は世界的課題として挙げられており，こうした危機感を背景に，2015年9月の国連サミットにおいて，地球を保護し，すべての人々が平和と豊かさを享受できるようにすることを目指す普遍的な行動目標として，「持続可能な開発目標（SDGs）」（図2.5）が採択され，持続可能な社会を目指した国際協調の取組みが進められている。SDGsは国連加盟193か国が2016年から2030年の15年間で達成するために，17の目標とそれらを達成するための具体的な169のターゲットで構成したものである

SDGsでは，廃棄物処理に関する目標として目標12「つくる責任　つかう責任」を挙げ，有害廃棄物や汚染物の処理方法の改善や，産業や企業，消費者に廃棄物の発生防止と再利用を促すことなど責任ある生産と消費を求めている。

今日の社会経済の発展と技術革新の進歩により，人々は豊かで便利な暮らしを手に入れることができたが，一方では，大量の資源やエネルギーを消費し，大量の廃棄物を発生させ，環境に大きな負荷を与えた。

わが国では，こうした大量生産，大量消費，大量廃棄から脱却し，天然資源の消費を抑制し，環境への負荷ができる限り低減される循環型社会を形成することを目指しており，2000年6月に制定された循環型社会形成推進基本法（図5.4参照）に基づき，2018年6月に策定された持続可能な社会づくりとの総合的取組みについて将来像を描いた第四次循環型社会形成推進基本計画に基づき，関連施設の建設と運営を総合的かつ計画的に進めている[1)]。

「持続学のすすめ」では，エネルギーの有効利用と二酸化炭素排出量の削減，さらに廃棄物処理とプラスチックリサイクル，エネルギー資源の枯渇問題について工学的なアプローチだけでなく，社会・経済面でのグローバルな視野から循環型社会構築のもつ意味を考え，本章では特に，持続可能な社会の実現に向けての「資源循環と持続」について考えてみる。

5.1 わが国の物質フロー

わが国では年間約 20 億トンの資源を使っている。そのうち約 25%がエネルギー消費，約 20%が廃棄物に，約 15%が再生資源になっている。私たちがどのくらいの資源を採取し，消費後廃棄しているかを理解することが循環型社会構築のために必要である。第三次循環基本計画では，3R や廃棄物の適正処分などの各対策がバランス良く進展した循環型社会の形成を図るために，物質フ

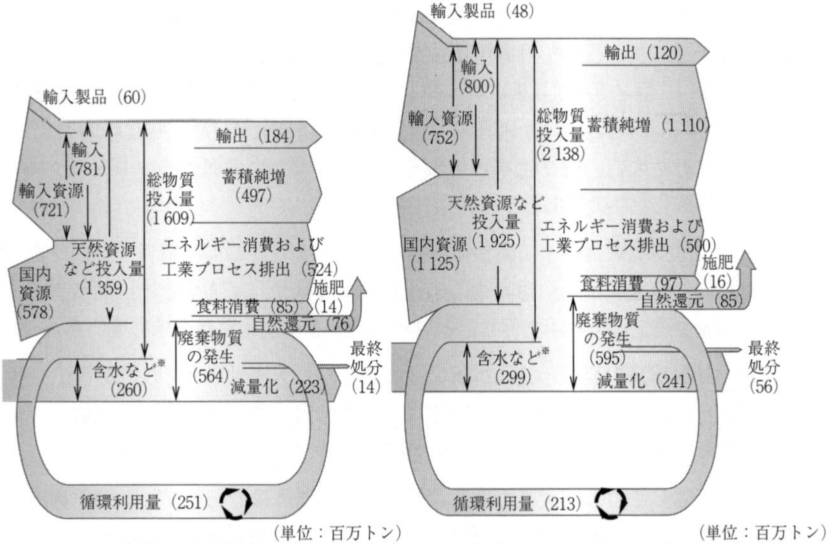

（a） 2015 年度　　（b） 2000 年度（参考）

※含水など：廃棄物などの含水など（汚泥，家畜ふん尿，し尿，廃酸，廃アルカリ）および経済活動に伴う土砂などの随伴投入（鉱業，建設業，上水道業の汚泥および鉱業の鉱さい）
資料：環境省

図 5.1　わが国の物質フロー（2015 年度）[2)]

ローの異なる断面である「入口」，「循環」，「出口」に関する指標にそれぞれ目標を設定している。

わが国の物質フロー（2015 年度）を**図 5.1**（a）に示す[2)]。図（b）の 2000 年度に比較して総物質投入量が約 23%削減され，資源生産性（＝GDP/天然資

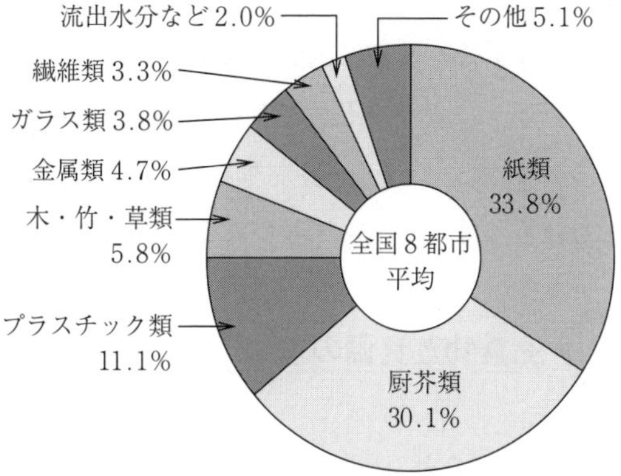

調査対象：8 都市（東北 1，関東 4，中部 1，関西 1，九州 1）につき，それぞれつぎの特性をもつ三地区で排出された家庭ごみ。
A 地区：比較的古くからの戸建て住宅地　B 地区：比較的最近に開発された戸建て住宅地　C 地区：共同住宅
調査期間：2017 年 8 月～ 2017 年 12 月

図 5.2　一般廃棄物の内訳
〔出典 環境省：容器包装廃棄物の使用・排出実態調査（2017 年度）〕

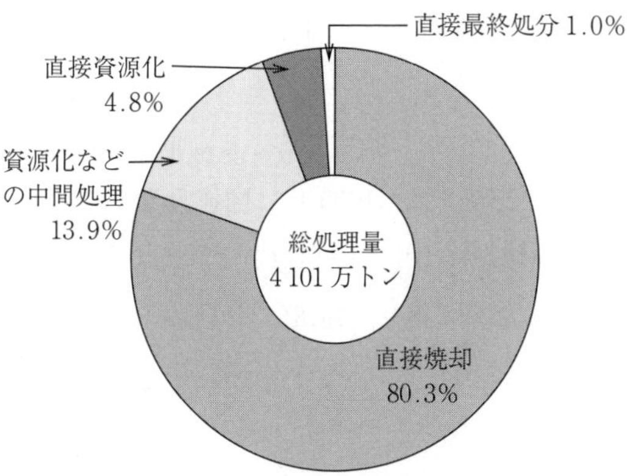

図 5.3　一般廃棄物の処理状況
〔出典：環境省　2016 年度　一般廃棄物の排出および処理状況等〕

源投入量）は約 50％増加した。循環利用率（＝循環利用料/（循環利用料＋天然資源投入量）は 10％（2000 年度）から 15％（2015 年度）と大幅に増加した。最終処分量は 74％削減され，2020 年度目標（1 700 万トン）を達成した。

2016 年度において日本国内で排出された一般廃棄物の量は 4 317 万トンであり，一般廃棄物総処理量は 4 101 万トンである。2017 年度の一般廃棄物の内訳を**図 5.2** に示す。湿重量（水分を含む重量）比で紙類が最も多く，次いで厨芥類，プラスチックとなっており，資源の多くがごみとして排出されている。また，その処理状況は**図 5.3** に示すように，一般廃棄物の 80.3％が直接焼却されており，有効利用されているとは言い難い状態である。

5.2 廃棄物と資源の違い[1]

「ごみ」という言葉を辞書で調べると，「役に立たないもの，塵芥，ちり，あくた，ほこり」と書かれている。また類似する言葉として，屑《くず》，廃棄物などがあるが，廃棄物については，「良い部分を選び取った後に残る，つまらないもの」とある。いずれにせよ，生産や消費の過程で，本来発生させたくないにもかかわらず結果として発生してきたものが廃棄物である。

一方，「ゼロエミッション」という言葉は，廃棄物ゼロという意味であり，近年では資源を 100％有効に活用し，同時に環境負荷をまったく伴わない社会を目指すためのキーワードとなっている。もちろん完全に廃棄物をゼロにすることは難しいが，廃棄物ゼロを目指すさまざまな取組みを進めることは大切である。このゼロエミッションは，1995 年に国連大学が提唱した概念で，国連大学は企業や家庭，地域が排出する廃棄物をゼロにすることで，資源循環型の経済社会を作り上げるための構想（ZERI：ゼロエミッション・リサーチ・イニシアティブ）を策定した。

アメリカの経済学者ハーマン・デーリーは，持続可能な発展のための三つの条件を挙げている。第 1 に，再生可能な資源は再生される資源量の枠内で消費する。第 2 に，再生不可能な資源は再生可能な代替資源を作り出し，その生産量に見合う範囲で消費する。第3に，排出物の投棄は自然の浄化力の範囲の中に留めるという条件である。これらは当たり前のことのように思えるが，この三つの条件を満たしていくことはきわめて難しいことだと考えられる。

循環型社会形成推進基本法では，循環型社会を「製品が廃棄物となることを抑制し，排出された廃棄物についてできるだけ循環資源として活用し，循環的な利用が行われないものは適正処分を徹底することによって実現する，天然資源の消費が抑制され，環境への負荷ができる限り低減される社会」と定義して

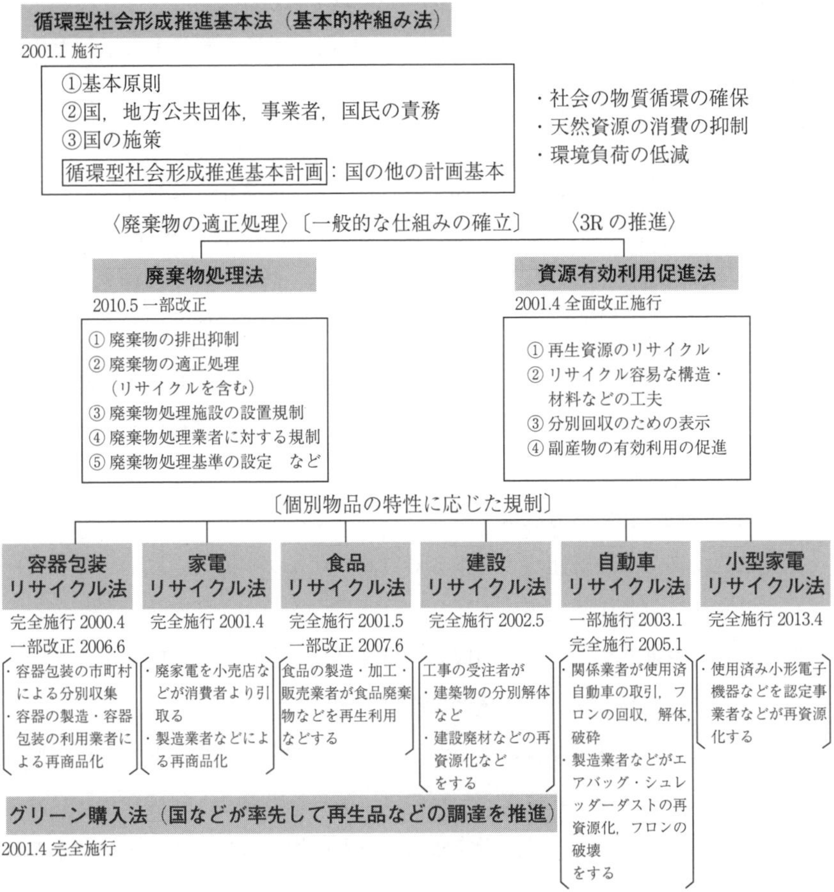

図 5.4　循環型社会のためのリサイクル法

いる（第二条一項）。また，この法律では，事業者および国民の**排出者責任**（廃棄物を排出した者がその適正なリサイクルや処理に関する責任を負うとする考え方）を定めるとともに，**拡大生産者責任**（製品が使用され，廃棄された後においても，製品の生産者がその製品の適正なリサイクルや処分において責任を負うとする考え方）を明確に位置づけている。こうした考え方を基に，それぞれの特性を考慮しながら品目ごとの循環資源を利用するため，各種の**リサイクル法**が施行されている。**図5.4**に示した循環型社会形成のためのリサイクル法のうち，代表的なリサイクル法について以下に述べる。

まず，**容器包装リサイクル法**（以下，容リ法）では，**表5.1**に示したように，消費者が分別排出に協力し，それを市町村が分別収集し，容器を使うメーカー（食品・飲料メーカーや洗剤・化粧品などの日用雑貨品メーカーなど），容器を作っているメーカー，食品・飲料・日用雑貨品などの輸入業者，商品を販売する際に容器や包装を利用する小売・卸事業者（これらを特定事業者と呼んでいる。以下，特定事業者）が再商品化をする（有価物にする）という流れになっている。

表5.1　容リ法による容器包装リサイクルの流れ

行う主体	行うこと
消費者	分別排出への協力
市町村	分別回収
特定事業者	分別回収された容器の再商品化

事業者が再商品化する方法は

・指定法人である公益財団法人日本容器包装リサイクル協会（以下，容リ協）に委託をする（指定法人ルート）

・販売店などを通じて自主的に回収し，再商品化を行う（自主回収ルート）

・自ら独自に再商品化を行う事業者に直接依頼する（独自ルート）

の三つのルートから選択できる。しかし，大半は指定法人ルートで入札が行われ，自主回収ルートは牛乳瓶など一部の瓶に限られており，独自ルートで再商品化事業者に委託することは，指定法人ルートに比較してコストがかかることなどにより実際には行われていない。また，消費者が分別しやすいように2001年4月から識別表示が義務化された。容リ法では

・消費者，市町村，事業者が，新たな役割分担の下でリサイクルを促進する社会システムを構築すること
・一般廃棄物の焼却量，埋め立て量の削減による処分場の延命化・資源有効利用の推進
・分別収集・リサイクルの進展による循環型社会への転換の促進

などを目的としており，対象となる廃棄物は，家庭から出る**容器包装廃棄物**（ガラス製容器，ペットボトル，紙製容器包装，プラスチック製容器包装，発泡スチロールトレイ）となっている。

つぎに，**家電リサイクル法**では，家庭ごみの中の粗大ごみで大きな割合を占める使用済み家電製品に対して，事業者責任によってリサイクルシステムを構築し，家電製品のリサイクル率を向上させ，埋め立て量の削減による処分場の延命化を図ることや不法投棄を減らすことなどを目的としている。対象品はテレビ，冷蔵庫，洗濯機，エアコンの4品目に加え，2004年4月1日には家庭用の冷凍庫，ワインセラーが加わった。この法律では，消費者が使用済み家電製品を小売店に排出し，小売店はそれを家電メーカーが指定する指定引取り場所に搬入することになっている。そして搬入された使用済み家電製品のリサイクルを家電メーカーが行うという流れになっている。市町村も使用済み家電製品のリサイクルを行うことは法律上できるが，定められたリサイクル率を達成するためには設備の改善などが必要なため，実際には法律の施行とともに家電リサイクル対象品目を搬入禁止品目にした自治体も多く，回収はほとんど実施されていない。

最後に，**自動車リサイクル法**は，使用済み自動車から発生するシュレッダーダスト（ASR），カーエアコンの冷媒に使われているフロン類，有害物質が問題となるエアバックの3品目の処理について，自動車メーカーと輸入業者にリサイクルを義務付けた法律である。自動車には鉄が多く使われており，またエンジンなどはそのままリユースとしての価値も高いため，重量ベースで75～80%がリサイクルされている。この法律の狙いは，埋立て処理されていたASRを焼却・ガス化することで，発電・熱利用し，リサイクルを促進して

いくことである。

以上の三つのリサイクル事業は製鉄所を中心に，コンビナート循環システムで構築されている。鉄鋼業は，これまでも市場に出た鉄鋼製品を鉄スクラップとして回収し，それを原料として循環利用してきたほか，鉄の製造工程から発生するスラグもセメント原料として有効利用をしている。さらに，鉄製造に必要なコークスの一部を廃プラスチックで代替し，鉄リサイクルの輪の中に組み込んでいる。廃プラスチックの高炉原料化[†1]とコークス炉化学原料化[†2]は，大手鉄鋼会社の製鉄所で実施されており，産業廃棄物系の廃プラスチックだけでなく，一般市場に出た生活系の廃プラスチックも対象として，一般社会まで含んだ循環の輪が製鉄所を中心に形成されている。これらの資源循環は同時に省エネルギー効果もあり，地球温暖化防止にも貢献している。

5.3 3R社会とプラスチックリサイクル

循環型社会形成推進基本法に基づいて定められた第三次循環型社会形成推進基本計画では，廃棄物処理の優先順位を，① **発生抑制**（reduce：リデュース），② **再使用**（reuse：リユース），③ **再生利用**（recycle：リサイクル），④ **熱回収**，⑤ **適正処分**としている。また，発生抑制，再使用，再生利用の三つは，その英語表記の頭文字を取って **3R** と呼ばれている。わが国の環境問題，なかでも低炭素社会について考える上で，3R社会の実現とプラスチックリサイクルは重要である。

わが国ではこれまで，プラスチックの適正処理や3Rが率先して進められて

† 1　製鉄所では，高炉という巨大な反応容器で鉄鉱石（酸化鉄）とコークス（石炭を蒸し焼きにしたもの）を化学反応させ，鉄鉱石を還元することで鉄を製造している。高炉においてコークスは鉄鉱石を還元する働きをしており，炭素と水素からできているプラスチックをコークスの代わりに用いるのが廃プラスチックの高炉原料化である。

† 2　廃プラスチックからコークスや炭化水素油，コークス炉ガスなどを作ること。コークスは高炉の還元剤，炭化水素油は化学原料，コークス炉ガスは発電などに利用される。

きた。その結果，容器包装などのリデュースを通じたプラスチック排出量の削減，8割を超える資源有効利用率の達成，陸上から海洋へ流出するプラスチックの抑制が図られてきた。その一方で，ワンウェイ容器の一人当りの廃棄量が世界で2番目に多いと指摘されていること，未利用の廃プラスチックが一定程度あること，アジア各国によりプラスチック輸入規制が拡大し，これまで以上に国内資源循環が求められていることなどが問題点として挙げられる。これらを踏まえれば，プラスチックへの過度な依存や不必要な生産を減らし，いままで以上の3R推進が求められることになる。

プラスチックリサイクルは三つの手法に分類することができ，① 再生利用の**マテリアルリサイクル**（廃プラスチックから選別により品種ごとに再び製品に再加工する方法），② 化学燃料化の**ケミカルリサイクル**（化学反応させて，油やガス，モノマーなどの化学原料として再生する方法），③ 発電・熱回収の**サーマルリサイクル**（廃プラスチックを直接燃焼させ，発電や燃料として使用する方法）が実用化されている。現在の日本ではさまざまな場所でプラスチックが利用されており，廃プラスチックの有効利用率は2016年では85%と年々上昇傾向にある。この有効利用率の内訳は，マテリアルリサイクルが23%，ケミカルリサイクルが4%，サーマルリサイクルが58%となっている。容リ法においてプラスチックリサイクルの優先順位はマテリアルリサイクルが一番とされているが，実際にはサーマルリサイクルの有効利用量が多い。マテリアルリサイクルによる資源循環の推進を目指すためには，マテリアルリサイクルするコストの削減，再生プラスチックの高品質化を目指し，リサイクル工程を見直すことが必要である。

プラスチックリサイクルは，国が定めた再生材に関する法律のうち容リ法が対象となる。容リ法は1995年6月に公布され，まずはペットボトルとガラス瓶について1997年4月から施行され，2000年4月1日からはそこに紙製容器とプラスチック容器が加わって完全施行された。施工の背景には，容器包装廃棄物は家庭ごみの中でも容積ベースで6割，重量ベースでも2～3割程度も占めており，分別などによりリサイクルできる可能性が高いと想定されたこと，リターナブル容器からワンウェイ容器へ変化したこと，過剰包装，容器や包装に用いられる素材の多様化など，容器包装を巡る市場が変化したためこれらに対応する必要が出てきたことがある。また，プラスチック製空容器の散乱（不法投棄）や焼却炉でのクリンカートラブルの発生など自治体での問題もあった。

容リ法は，こうした問題を解決するために，消費者，市町村，事業者が新たな役割分担の下でリサイクルを促進する社会システムを構築し，ごみの埋め立て処分量の削減による最終処分場の延命化と資源の有効利用の促進を目的に制定された。

容リ法が始まった当初の2000年度のプラスチック回収量は，全体で45万5 853トンであったが，2016年度には，123万412トンと2.7倍に増加した。単純に言えば，123万トンもの廃棄物資源を埋め立てることなくリサイクルに回すことができたことになる。他方，特定事業者からの資金で日本容器包装リサイクル協会（容リ協）が再商品化事業者に委託した再商品化委託料（2016年度）は全体で348億円となっており，大半はプラスチック製容器のリサイクルに使われている。プラスチック製容器包装廃棄物は広く薄く分布しているため，今後も消費者，企業，自治体が協力しながら廃棄物の削減とリサイクルの促進に努めていくことが必要である[2)]。

プラスチック容器包装の再商品化手法には，上述①のマテリアルリサイクルと②のケミカルリサイクルがある。ケミカルリサイクルでは，高炉原料化（高炉還元剤ペレット製造），コークス炉化学原料化（コークス炉を用いたガス化），熱分解油，合成ガス（科学原料化または工業燃料の製造）が認められており，なかでも鉄鋼メーカーの再商品化施設（高炉原料化，コークス炉化学原料，合成ガス）の整備が進み，その処理能力が増大している。

2000年には，容リ法が全面施行されたことをはじめ，循環型社会形成推進基本法，建設リサイクル法，食品リサイクル法，グリーン購入法が公布され，再生資源利用促進法が資源有効利用促進法に改正された（図5.4）。2005年には自動車リサイクル法が完全施行され，リサイクルに関する法律はほぼ整った。容リ法の公布から20年，自動車リサイクル法が施行されてから10年以上が経過し，それぞれ成果を挙げている。一方で，携帯電話，デジカメなどの小型家電製品のリサイクルをいかにして行うかなど新たなテーマもある。今後は，プラスチックリサイクルの質的な向上やリサイクルコストの負担の軽減が必要であり，「資源循環」のため，リサイクルの高度化と効率化の工夫を持続していかなければならない。

5.4 エネルギーの自給とバイオマス利活用

夜間気象観測用の衛星写真（**図5.5**）から，地球上でひときわ明るいのは米東部，欧州，日本であることがわかる。この地域ごとの明るさと国別の一人当りのエネルギー消費量の大きさは一致している。私たちは約70億の人口と130億トンの石油消費がもたらす資源枯渇，地球温暖化問題をグローバルな観点から考え，特に，人類の発展とエネルギー消費の関わりについて考えなければならない。

図5.5　人工衛星による地球の夜の観測写真[3)]

人間社会・産業の発展には，エネルギーの存在が欠かせない。世界のエネルギー消費量（一次エネルギー）は経済成長とともに増加を続けている。石油換算でエネルギー消費量は1965年の37億トンから年平均2.6%で増加し続け，2014年には129億トンに達した。先進国（OECD諸国）では経済成長率，人口増加率が開発途上国に比べ低いこと，省エネルギー化が進んでいることによりエネルギー消費の伸び率は鈍化している。しかし，今後開発途上国の経済発展に伴ってエネルギー消費量はさらに増加することが見込まれている。国際エネルギー機関（IEA：International Energy Agency）によると，2040年の世界のエネルギー消費量は2014年と比べ約1.3倍に増加するとされている。

しかし，石油などの化石資源は有限の資源であり，現時点でのエネルギー資源の確認埋蔵量（可採年数）は，石炭とウランが約100年，石油や天然ガスは約50年といわれている[†1]。

化石資源の枯渇とともに，地球温暖化も世界的に大きな問題となっており，地球温暖化の進行を遅らせるため，温室効果ガスの排出量を削減していくことが必要である。1992年の気候変動に関する国際連合枠組条約の採択を契機に，世界全体で温暖化の対策に取り組み始め，1997年の地球温暖化防止京都会議における京都議定書では，先進国に温室効果ガスの排出削減を義務付けた。しかし，アメリカの不参加や途上国の排出量削減を視野に入れた枠組みが課題として残った。その後，2015年末に先進国・途上国問わずすべての国が温暖化対策に取り組むパリ協定が成立した[†2]。

国際社会は脱原発，脱化石燃料へのパラダイムシフトを志向しており，太陽光発電，風力発電など再生可能エネルギーの導入促進が進んでいる。なかでも，バイオマスは生物起源の資源といわれており，バイオマスを燃焼することなどにより放出される二酸化炭素は生物の成長過程で光合成により大気中から吸収した二酸化炭素である。このことから，バイオマスは大気中の二酸化炭素を増加させない「カーボンニュートラル」[†3]という特性を有しており，「資源循環」の観点から持続性をもったエネルギー資源と考えられている。わが国に

† 1　ただし，新たな油田や鉱山の発見，回収率の向上による可採年数の増加への期待もある。また，近年では石油，天然ガスに変わるものとしてシェールオイル，シェールガスへの関心が高まっている。

† 2　ただし，アメリカはその後誕生したトランプ政権時にパリ協定からの脱退を表明した。コラム5.1〔2〕を参照。

† 3　コラム3.1「微生物と持続社会」を参照。

おいて，廃棄物系バイオマスだけではなく，未利用バイオマスなども含め，バイオマスの利用を活発化して地域社会を活性化していこうと農林水産省で始められたのがバイオマス・ニッポン総合戦略である。

バイオマス・ニッポン総合戦略は，① 地球温暖化の防止，② 循環型社会の形成，③ 競争力のある新たな戦略的産業の育成，④ 農林漁業，農山漁村の活性化の四つの目的（期待）の下に，バイオマスリファイナリーやカスケード利用などを通して，技術的，地域的，全国的な観点から具体的な目標を示した。2006 年 3 月に「バイオマス・ニッポン総合戦略」が閣議決定され，2010 年を目途に，廃棄物系バイオマスについては炭素量換算で 80％以上，未利用バイオマスについては炭素量換算で 25％以上を活用し，その他，資源作物の利活用もすることとしている。**表 5.2** に廃棄物系バイオマスの利活用状況と将来目標を示す[3)]。

表 5.2　廃棄物系バイオマスの利活用状況と将来目標[4)]

バイオマスの種類	現在の年間発生量	現在の利用率	2020 年の目標
家畜排せつ物	約 8 800 万トン	約 90％	約 90％
下水汚泥	約 7 800 万トン	約 77％	約 85％
黒　液	約 1 400 万トン	約 100％	約 100％
紙	約 2 700 万トン	約 80％	約 85％
食品廃棄物	約 1 900 万トン	約 27％	約 40％
製材工場残材	約 340 万トン	約 95％	約 95％
建設発生木材	約 410 万トン	約 90％	約 95％
農作物非食用部	約 1 400 万トン	約 30％（すき込みを含めば約 85％）	約 45％（すき込みを含めば約 90％）
林地残材	約 800 万トン	ほとんど未利用	約 30％以上

（出典）『バイオマス活用推進計画』

また，国は総合的な利活用システムが構築され，バイオマスを一定割合以上利活用するか，今後利活用が予定されている地域を**バイオマスタウン**として公表するとした。農林水産省は，2005 年 2 月 10 日に第一次として北海道留萌市，同瀬棚町，青森県市浦村，福岡県大木町，熊本県白水村をバイオマスタウンとして公表した。その後も公表が進み，2011 年 4 月末現在，318 の市町村がバイオマスタウンとして公表された。

バイオマス燃料としては，メタン発酵のバイオガス，バイオエタノール，バイオ軽油（BDF），木質ペレットなどが代表的な製品である。コスト面や原料回収の課題はあるものの，日本の政策転換や技術革新により，バイオマス燃料が持続可能なエネルギーとして今後普及促進が図られていくことを期待したい。さらに，持続可能な社会の実現に向けて，地球温暖化問題への対処，循環型社会の形成，生物多様性の保全などが大きな課題として挙げられる。

5.5 未来への期待

本章では，「資源循環と持続」を 3R の観点から考えた。廃プラスチックのリサイクルやバイオマス燃料の利活用については，地球温暖化問題だけでなく，生態系の保全やエネルギー自給率の確保の観点も大切であることを説明した。「持続学のすすめ」を学ぶ読者には文系・理系の垣根を越えて多面的な議論を期待したい。

ノーベル平和賞を受賞した環境保護活動家ワンガリ・マータイさんは 2005 年に来日した際に「もったいない」という言葉を知った。3R にさらに「Respect」を含めた表現がまさに「もったいない」であり，本書を学ぶ読者には，3R だけでなく是非とも限りある大切な資源への尊敬の念・愛（Respect）をもって，持続可能な社会の実現に挑戦してもらいたい。

引用・参考文献

1）行本行雄・西哲夫・立田真央：『ごみゼロ社会は実現できるか』，コロナ社（2006）

2）環境省：環境白書 2018 年度版

3）NASA visible earth：Earth’s City Lights,
https://visibleearth.nasa.gov/images/55167/earths-city-lights（2019 年 11 月 25 日現在）

4）NPO 法人 バイオマス産業社会ネットワーク：バイオマス白書 2018 年度版

コラム 5.1

アメリカのエネルギー事情とエネルギー政策

〔1〕 再生可能エネルギーの利用

アメリカ合衆国では，2015 年における再生可能エネルギーの発電割合が 13.6%であり，日本とほぼ同一であるが，これは欧州の約 3 割と比べてかなり少ない。現在のところ，アメリカではまだ電力の 6 割以上が天然ガスや石炭，石油などの化石燃料による発電で賄われている。しかし，**図 1** の電源別電力供給量の推移を見てもわかるように，最近のアメリカにおける再生可能エネルギーの普及は目覚ましいものがあり，2018 年には原子力を抜き，2028 年には石炭を追い越す見通しである。また今日，天然ガスが急拡大している一方で，原子力が頭打ちからやや減少傾向にあるとともに，石炭が急減していることも確かである。2000 年代後半に始まった**シェールガス革命**（shale gas revolution）で天然ガス価格が急落した後，いまでは価格が低位安定している中で，次第に石炭と原子力が競争力を失いつつある趨勢にある[1]。

トランプ大統領は石炭復活を掲げて当選し，石炭の消費増を企図した石炭火

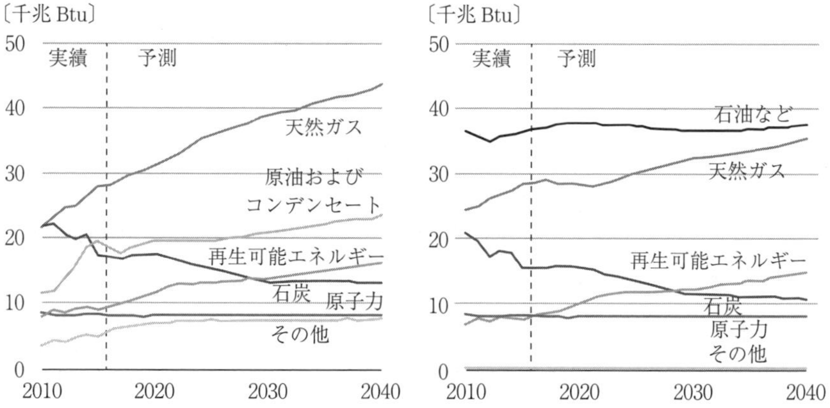

（a） エネルギー生産　　（b） エネルギー消費

図 1　アメリカの電源別電力供給量の推移（2010 ～ 2040 年）

〔出典〕U.S. Energy Information Administration：*Annual Energy Outlook 2016*[2]

力優遇策，生産増を狙った環境規制緩和などの政策をつぎつぎと打ち出したが，価格が下落した天然ガスとの競争に勝てず，石炭生産・消費量の減少に歯止めがかからない状況である。石炭生産量の約90％は発電用に消費されているが，シェールガス革命で価格が下がった天然ガスへの転換が続き，2007年に10億4 700万トンあった発電部門の石炭消費量は，2016年には6億7 700万トンまで落ち込んだ[3)]。

アメリカは，世界に先駆けて原子力開発を手掛けた国であり，現在のところ世界一の原発大国である。2017年10月現在，30州において60発電所，99基の原子炉が運転されている。2001年にブッシュ政権が国家エネルギー政策で原子力推進を提唱し，2005年のエネルギー政策法によって新規の原発建設に対する財政支援策が盛り込まれた。しかし，シェールガスの生産拡大で天然ガス価格が低下し電力の卸売価格が下落したこと，経済の停滞で将来の電力需要の鈍化が予想されたことなどから，新規の原発建設を取りやめたり，建設を先送りにしたりする電気事業者が出てきている[4)]。

このような石炭や原子力の現状に対して，消費者や企業の間では，太陽光や風力に対する支持が急速に高まっている。太陽光発電に関しては，再生可能エネルギーを支援する政府の政策や技術的なコストの大幅な低下もあって，太陽光発電市場は急成長を続けてきた。しかも，中国を筆頭とするアジア諸国で製造されている安価な太陽電池や太陽光パネルの恩恵もあって，2010年以降，発電コストはそれ以前と比べて7割前後も低下し，より多くの国民や企業が太陽光発電を導入できるようになった[5)]。累積導入量で見ると，アメリカの大部分の太陽光プロジェクトは，日照量が多く，太陽光発電の推進策・制度が早くから整っているカリフォルニアに集中してきた。しかし，2015年以降，南西部や南東部の諸州でも，太陽光発電の新規導入が進んでいる[6)]。

風力発電についても成長が顕著であり，2016年の風力発電量は，2011年の1億2 000万MW（メガワット）のほぼ2倍の2億2 600万MWに達し，全米の総電力量の約6％を占めた。アイオワ州とサウスダコタ州では風力発電の割合が30％以上となり，その他の14州でも風力発電が総電量力の10％を超えた[7]。このような風力発電の設備投資が増加した背景には，再生可能エネルギーの発電量に応じて発電事業者の支払い税額を控除する制度など，連邦政府によるさまざまな優遇政策がある。最近では，送電システムと蓄電設備が向上すれば，将来，電力需要の80％を風力発電と太陽光発電で賄うことができるという研究結果も現れている[8]。

〔2〕 **オバマ・トランプ政権のエネルギー政策**

オバマ政権は，発足当初の2009年初めから，風力・太陽光といった再生可能エネルギーの利用や投資を景気回復・雇用創出の柱の一つに据え，スマート・グリッドの普及などを中心とする**グリーン・ニューディール**（green new deal）**政策**を掲げた。また，風力・太陽光などの再生可能エネルギーに加えて原子力・天然ガス・クリーンコールをクリーン・エネルギーと位置づけ，2035年までに国内電力供給の80％をクリーン・エネルギーにより達成するという目標も掲げられた[9),12)]。

そして，オバマ政権の2期目になると，エネルギー政策の基本方針は「全方位的エネルギー戦略」（all-of-the-above energy strategy）となり，国内のあらゆるエネルギー資源を総合的・効率的に活用する方向が強く打ち出された。これは，エネルギー自給率を高め，海外から輸入する石油の依存を軽減する方針である[9]。

しかし，2017年に誕生したトランプ政権は，このようなオバマ政権の方針を大幅に見直す姿勢をとっており，再生可能エネルギー政策に不透明感が増している。トランプ大統領は，2017年3月，「エネルギー独立・経済成長推進のための大統領令」に署名し，オバマ政権のエネルギー・気候変動関連の大統領令を撤回する方針を示した。そして，トランプ大統領は，2017年6月，2015年の第21回気候変動枠組条約締約国会議（通称COP21）で合意され，2016年に発効した，気候変動抑制に関する多国間合意のパリ協定を脱退する方針を表明した[9),10)]。その結果，アメリカは，2019年11月にパリ協定から離脱すると国連に通告し，1年後に協定から去ることになった。

またトランプ政権は，オバマ前政権の「気候変動行動計画」に基づく，二酸化炭素排出規制の「クリーンパワー・プラン」(Clean Power Plan) を中断・見直し・撤回する方針を打ち出した。さらにトランプ政権は，パリ協定からの離脱により，オバマ政権がCOP22の開催に合わせて発表した，「アメリカ ― 大幅な脱炭素に向けた長期戦略」を反故にする姿勢を示した[9),11)]。

そして，トランプ政権は，2018年1月に輸入太陽電池・モジュールへの課税を発表し，同年2月に発表された2019年度の予算教書でも，再生可能エネルギー関連予算の大幅削減が提案されている。しかも，アメリカでは金利上昇が予想されており，借り入れが多い大手電力会社では，金利上昇によるコスト上昇の影響を避けるため，設備を売却したり，投資を抑制したりする動きが出始めている[3)]。

しかし，それでも連邦政府や州政府は，さまざまな再生可能エネルギー導入支援策を講じてきた。まず，連邦政府による再生可能エネルギー導入支援のためのおもなものとしては，つぎのような税制優遇と融資の施策が挙げられる。

① 税制優遇措置　連邦政府は，再生可能エネルギーの発電税額控除 (renewable electricity production tax credit) や，再生可能エネルギーの設備投資を対象とした投資税額控除 (business energy investment tax credit) によって，太陽光発電や風力発電の開発を大きく促進してきた[12)]。

② 融　資　エネルギー省 (Department of Energy) による融資保証プログラムが，再生可能エネルギーの投資に積極的に活用されてきた。これは，大気汚染物質，人為的な温室効果ガス排出を回避，削減，隔離するプロジェクトに，連邦政府が債務保証を実施するものである[9)]。

また，州政府による再生可能エネルギー導入支援のための施策としては，つぎのようなものがある。

① 再生可能エネルギー利用割合基準　再生可能エネルギー利用割合基準 (renewable portfolio standard) は，再生可能エネルギー導入のための数量目標であり，電力小売業者に対し一定割合の再生可能エネルギー電気の販売を義務付けるものであり，州ごとに導入目標が決められている。ハワイ州は2045年までに100%，カリフォルニア州とニューヨーク州は2030年までに50%とし

ており，高い目標が設定されている[13]。

② 固定価格買取制度　固定価格買取制度（feed-in tariff, FIT）は，政府などの運営主体があらかじめ決定した買取価格で，発電事業者から再生可能エネルギー電気をすべて買い取ることを義務付ける制度である。おもに太陽光発電を中心に実施されているが，連邦エネルギー規制委員会の規制権限が及ぶ可能性があるため，州当局の取り組みはあまり進んでいない[12),14)]。

③ ネットメータリング　ネットメータリングは，住宅用などに見られる分散型太陽光発電システムの発電量から，自家消費量を差し引いても余剰電力が発生した場合，余剰分を電気事業者に特定の価格で販売できるシステムである。2017年11月現在，38州およびワシントンDCで義務付け制度が導入されているが，対象となる設備規模の上限は州によってかなりの差がある[9]。

21世紀後半を展望すると，化石燃料の使用から脱却して再生可能エネルギーの利用を促進し，あらゆる製品・サービスのライフサイクル全体にかかる環境負荷をできる限り低減することこそ，持続可能な社会への道なのである。

引用・参考文献

1）山家公雄：再生可能エネルギーの今　アメリカに焦点を当てて，
https://www.projectdesign.jp/201804/kankyo/004799.php
アメリカエネルギー情報局のウェブサイト，
https://www.eia.gov/todayinenergy/detail.php?id=26272
2）アメリカエネルギー情報局：年報エネルギー展望，
https://www.eia.gov/outlooks/aeo/pdf/0383(2016).pdf
3）山本隆三：漂流するトランプ政権のエネルギー・電力政策，
http://ieei.or.jp/2018/04/yamamoto-blog180418/
4）電気事業連合会：原子力開発動向—米国の電気事業，
https://www.fepc.or.jp/library/kaigai/kaigai_jigyo/usa/detail/1231550_4803.html
5）Nichola Groom：焦点：米国の太陽光ブーム，「トランプ関税」で終焉迎えるか，

https://jp.reuters.com/article/usa-trade-solar-idJPKBN1AD0YI

6) 日経 BP：米国の事業用太陽光，コスト低下で「追尾型」が主流に，
https://tech.nikkeibp.co.jp/dm/atcl/column/15/286991/092500092/

7) QuickESG 研究所：米国の風力発電の現状～米国エネルギー省の報告から～，
https://www.esg.quick.co.jp/news/687

8) AFPBB News：米国の電力需要の 80%，風力と太陽光発電で賄える 研究，
https://www.afpbb.com/articles/-/3166461

9) 環境省：米国（総論）（1）連邦政府の政策の概観，
http://www.env.go.jp/earth/report/h30-01/mat01-3.pdf

10) ホワイトハウスのウェブサイト，
http://www.whitehouse.gov/articles/president-trump-announces-u-s-withdrawal-paris-climate-accord/

11) アメリカ環境保護庁のウェブサイト，
https://www.epa.gov/newsreleases/epa-schedules-three-lestening-sessions-proposed-repeal-clean-power-plan

12) 飯沼芳樹：米国の再生可能エネルギーの導入状況と開発促進政策，植田和弘・山家公雄 編『再生可能エネルギー政策の国際比較―日本の変革のために―』，京都大学学術出版会（2017）

13) 伊藤葉子：カリフォルニア RPS 制度にみる再生可能エネルギーの導入促進と費用抑制の両立に向けた取組，
https://eneken.ieej.or.jp/data/5927.pdf

14) 西川珠子：米国の再生可能エネルギー発電推進策，みずほ総研論集，2011 年Ⅲ号（2011）

6. 経済のグローバル化時代における民主主義・人権の行方

持続学のすすめ

私たちは，いまグローバル化時代を生きている。それは，近代が築いてきた民主主義や人権といった近代的価値を失うかもしれない時代でもある。

啓蒙思想以来，西欧に端を発した近代の経済的・社会的な展開には，相矛盾する原理を内に秘めた二つの傾向があった。近代経済の開発を支えた資本主義的開発（＝近代化）と，近代民主主義社会の形成を可能にした民主主義と普遍的人権の伸長である。

西欧では，科学技術の発展が資本主義経済を支え，産業革命をもたらした。そして，これと並行した形で普遍的人権を推進するアメリカ革命からフランス革命に至る大西洋革命が進行した。これらの「革命」は，西欧覇権国による非西欧世界の植民地化を支えにして，人間と自然，人間と社会の関係を大きく変えながら，西欧社会から非西欧社会へと広がっていった。

全世界を巻き込む「近代化」社会経済の「進歩」と「開発」が，西欧を先頭にして，人類全体をより幸福な世界へと導いてくれるという夢が，第二次大戦後の世界の植民地の独立とともに始まったかのように見えた。

しかし 1960 年代の終わりには，すでに「成長の限界」が叫ばれ，国連によるグローバルな諸問題と取り組む一連の国際会議が開かれた。そして 20 世紀末には，環境と開発，人権問題，人口問題，社会開発問題，女性と貧困問題，居住問題，人種主義問題などが明らかになり，グローバルな経済開発が必ずしも人権を保障する方向，自然環境との共生を保障する方向には進んでいないということが国際社会によって確認された。

国連では，2000 年代の開始とともに，ミレニアム開発目標（MDGs）[†]を設定することで，経済開発と人権の保障との矛盾の解決に乗り出した。**生物多様性条約**（生物の多様性に関する条約：Convention on Biological Diversity

† 1.5 節を参照。

(CBD)) は，このグローバル化した資本主義的経済開発と人権・生態系問題との間のさまざまな矛盾を，人間を含む生命体の種の激減という側面から取り上げた国際条約である。

この矛盾が特に生物多様性条約の実施を巡って露呈されるようになったのは，この条約が科学技術の革新問題[†1]を内包していたからである。科学技術の進歩によって，人間は生命圏を利用できるようになった。それにより，資本主義の下で，市場は自然環境へ介入するようになり，「人間と自然の関係」が遺伝子組み換え問題という「自然環境の管理に関する問題」として現れるようになった。同時にそのことは，6.2節で述べるように，多国籍企業が遺伝資源の知的財産権などを設定する以前に，その遺伝資源はその地域の先住民族の伝統的知恵によってすでに発見されていたものであり，多国籍企業の行いは本来先住民族が所有すべき遺伝資源の知的財産権を侵しているという主張（これを**バイオパイラシー**(biopiracy）と呼ぶ）や，そもそもその遺伝子資源は先住民族自身の遺伝資源の一部であるという人権問題を発生させることになったのである。

科学技術を巡る市場経済の要請と人権重視の間の矛盾は，単に遺伝資源だけに限られているものではなく，より広く今日の国際経済を支配している。この矛盾は新自由主義[†2]的スタンダードの性格の一部であるとして支持する（不可避のこととして認める）多国籍企業などの社会勢力と，この矛盾は明らかな人権問題であるとして否定する国際世論やNGOなどの社会勢力との間の政治対立が深刻化している。本章ではこの対立について，特に激しく現われている事例を挙げて紹介していく。

6.1　グローバル経済の発展と市場優先による社会秩序の崩壊

1990年代の初め，東西冷戦の終結からそれに続くソ連の崩壊を目の当たりにした当時の人々は「資本主義が勝利した」と思った。そして，民主主義国家

---

†1　産業に関するもろもろの知識の革新とそれへの現実への適用，評価のことをいう。シュンペーターは，技術革新は経済発展を規定する主要な要因と考えた。しかし，技術革新を技術官僚に任せてきたことが今日の行き過ぎた技術優先，市場優先および生態系の破壊をもたらしたことも看過できない。国際的な市民参加による生態系と民主主義の回復を求める声がSDGsという国民運動となった。

†2　市場原理を導入・優先させるために，大幅な規制緩和を行うなど国家による福祉・公共サービスを縮小し，小さな政府を目指すこと。

の民主主義や人権という価値よりも市場取引の価値を優先する新自由主義グローバリゼーションがさらにスピードアップした。1995年に世界貿易機構（WTO）が発足し，グローバリゼーションのエンジンとなる自由貿易を推進する仕組みが完成したといわれた。しかし90年代後半には，この新自由主義グローバリゼーションによって先進国と途上国間の経済格差が拡大したのみならず，先進国内でも格差が拡大し，さらには若者や女性たちの新しい貧困層が現れ，「格差社会」時代の到来となった。

2000年にシアトルで行われたWTO閣僚会議は若者たちの不安と不満の標的となり，若者たちによるデモが起こった。2003年のカンクンに続いて2005年の香港でのWTO閣僚会議には，世界中から農民や環境団体のNGOが参加した。そして，疲弊して失業した農家の現状を訴える分科会がいくつも開かれた。

2005年，著者も香港で開催されたWTO閣僚会議にNGOとして参加し，海外のNGOと女性の人権に関するワークショップを企画開催した。そこでは，WTO加盟以降，自分たちのためではなく，外貨を稼ぐための換金作物に特化した農業を行うようになったタイとモンゴルの女性たちの報告があった。

それによると，かつてはどちらの国でもそれぞれの村で天候や気候，あるいは村の傾斜に応じて数種類の米を作り，それを分配することで持続可能な生活をしていた。そして最後に収穫した種子を保存し，貯蔵するのは女たちの仕事であった。しかし政府の指示により，各村は多国籍企業が開発した遺伝子組み換えされた1種類の米だけを作るようになった。そのほうが生産性が上がり，現金収入が増えると言われたのである。現金収入が増えれば，都会の病院に行って病気を治すことができる。子供たちは村の学校を卒業したら，都会の高校や大学に行くこともできる。そこで村人たちは村全体の現金収入を上げるために，1種類の米の生育に村の運命を託し，それを信じた。

最初の年は，農機具を全部無料で貸してもらえた上，遺伝子組換えの種子や殺虫剤，肥料も無料だった。しかし，つぎの年からは種子や殺虫剤，肥料を買わなくてはならなかった。一方，収穫した米は，値が落ちて思ったほどの収入にはならず，翌年の種子などの購入のためにかえって借金を背負うことになった。そしてその借金の連鎖の中に村全体が落ち込んでいった。借金の連鎖を断ち切るために，村の女性たちは海外に出稼ぎに行くことを強いられた。

現金収入がなければ借金を返すこともできないどころか，翌年の種子や肥料や殺虫剤を買うことすらできないのである。こうして多くの女性たちが，半ば人身売買のような形で，日本などの外国の性産業で働かされることになったという報告であった。

この若い女性たちの報告から見えてきたことは，グローバル経済が発展すればするほど，アジアの伝統的な村や小規模農家の貧困が拡大するという逆説的な負の連鎖が起きていたということである。そして家族の離散や高齢者以外の家族全員が出稼ぎに行くという状況は，家族の崩壊だけでなく，共同体や村の崩壊，すなわち社会秩序の崩壊をもたらした。

つまり，国家よりも市場を優先するということは，村の人々の暮らしよりも大企業の利益を優先するということである。多国籍企業による種子の支配が知らず知らずのうちに農業全体の支配へと広がり，最終的に土地，水などの他の自然資源までも多国籍企業の中に取り込まれてしまうということになる。

この種子の独占的支配が，農業のあり方を支配し，それによって農民たちの暮らしや生活，人生を支配するのだ。つまり人の暮らしを豊かにするために企業活動があるのではなく，企業が利益を上げるために企業の都合に合わせて人々が働くという逆転現象が起きているのである。環境物理学者のヴァンダナ・シヴァの報告によると，インドでは国家が種子の私的財産権を導入したことにより，インドの債務は減るどころか，むしろ10倍に増えているという。

6.2 種子を巡る紛争 — 多国籍企業対農民と地域共同体の攻防

ここでは，グローバリゼーションの中心で何が起きているかということを，2010年に名古屋で開催された生物多様性条約第10回締約国会議（COP10）でも大きな論争を呼んだ種子の問題を中心に考えたい。

国連食糧機関（FAO）によると，1980 年代には世界の熱帯雨林は毎年約 1 500 万 ha 減少していたが，1990 年代に入るとさらに減少の速度は増し，毎年 2000 万 ha が消滅しているそうである。そして 2000 年代に入ってからも消滅の速度は落ちていないとのことである。

ブラジルの熱帯雨林を例にとると，その減少の最大の原因は，熱帯雨林への大豆畑の侵略である。この侵略は，アメリカからの大豆の供給が止められた場合の大豆ショックを予防するために日本が 1970 年代後半以降，アマゾニアの森林を伐採して始めた大豆畑がその始まりだった。しかも，最近ではバイオディーゼルの原料となることから，大豆はさらに需要の拡大が見込まれている。そのようなことも含めて，グローバル経済による第一次産業の工業化が進展する中で熱帯雨林の消失を食い止めることができないのである[1)]。

また，熱帯雨林には数多くの多様な生物が生息しており，まさに生物多様性の宝庫といえるが，それゆえに熱帯雨林が消失するということは生物多様性の激減を意味する。そしてその根本原因には，多国籍アグロビジネス企業の遺伝子組み換え作物による自然破壊が含まれているといえる。問題はしかし熱帯雨林の乱伐にとどまらず，遺伝子組み換え作物を食糧として消費した人々やその子孫に悪影響がないかという問題もある。また，害虫を除去する遺伝子組み換え作物を栽培する畑があると，遺伝子組み換えを施していない作物を作っている畑に害虫が集まるなどの影響も問題になっている[2)]。

種子のもつ意味は深く，それは単なる粒ではない。種子は食物連鎖の始まりであり，生命の連続性と持続的な生活の営みの象徴なのだ。農民どうしの自由な種子の交換は，コミュニケーションの始まりであり，共同体における協力，互恵の精神を育むことに通じる。

種子を交換するということの意義は，単に翌年の作物を作るためということだけではない。種子の交換を通じて，農民たちは思想や知識を交換しているのである。そして，もっと一般的にいえば，それぞれの地域の共同体に固有な文化を交換することは，伝統の交換でもあり，文化，知識の蓄積とその交換，伝播でもあるといえる。まさに種子の交換から歴史や文明が作られていくのである。つまり種子は，食糧安全保障の究極のシンボルであると同時に，文化，歴史のシンボルでもあるのだ。

今日の工業化社会の中で失われかけている平等互恵，相互扶助の精神は農村共同体の再生産あるいはその持続可能性であり，伝統的な地域の共同体の間では，自由な種子の交換を中心にして育まれていた。

このことからだんだんと見えてくることは，もし種子の特許権がアメリカの会社，あるいは多国籍企業や先進国の企業がとった場合，それは種子だけの問題ではなくなってしまうということである。種子を含めて新しい知的財産権の導入に関する取り決めをしたTRIPS協定[†1]によれば，種子は私有財産であり，企業の独占的支配が認められている。つまり，企業による種子の特許の申請が認められた場合，それを伝統的に使っていた農民たちの，翌年のための種子の貯蔵や，隣人や隣の畑の人たちとの種子の交換は知的財産の盗用とみなされ，訴えられるということになる[†2]。農民のためにあるはずの企業が農民を告訴するという逆転が起きるのだ。農民たちがこれまで行ってきたような品種改良もTRIPS協定によれば違法行為になる。さらに，農民たちが購入できる種子はこのTRIPS協定に登録された品種の種子だけになった。企業の独占的支配によって，農民たちは種子を自由に使う権利を失うだけでなく，これまでの共同体のありようまで失っていくことになった。

ところで，登録された種子を購入するというルールを採用することは，とりもなおさず種子を多国籍企業に依存するということである。遺伝子組み換えをした種子を多国籍企業から買うということは，同時に肥料や殺虫剤，除草剤な

---

†1　知的所有権の貿易関連の側面に関する協定だが，欧米の投資会社や多国籍企業に有利な協定であるとの批判もある。

†2　現在ブラジルの熱帯雨林で栽培されている大豆の大半はモンサント社（モンサント社は2018年バイエルに買収されたが，ここでは当時の社名を使用）の遺伝子組み換え大豆である。現地の農家はモンサント社から種子を購入しているが，収穫した大豆から翌年蒔く種子を採取することはできない。種子が採取できてしまうと翌年種子が売れなくなってしまうため，モンサント社が禁じているからである。農家は種子購入時にそのような契約を結ばされ，違反すれば違反金を支払わされることになる[1)]。

どもまた，その企業に依存することにつながる。

モンサント社などアメリカを中心にした多国籍企業が登録された種子を支配しており，この種子から育つ作物は害虫に非常に強いということで，アメリカの大きな農家では非常に歓迎されている。しかし，その作物に適応して従来よりも強力な害虫が出てきている。そのような害虫には普通の殺虫剤では太刀打ちできないので，モンサント社の非常に強力な殺虫剤に依存しなければならなくなり，結局また害虫対策に追われることになる。

このように，多国籍企業の種子の独占支配というグローバルな市場文化による標準化が進むことでその地域の生物多様性が衰退していき，さらにはその地域の共同体も衰退していく。そしてそこの文化の多様性も衰退していくということが起こる。それにもかかわらず，市場経済はグローバルな商品経済の拡大による第一次産業の工業化を推し進め，また知的財産権，特許に関する制度を拡大，拡張することで工業化を支えてきた技術に関する権利を守ろうとしている。そしてそのためには生物多様性も共同体の暮らしも文化の多様性も二の次になっている。なかでも特許権は，バイオテクノロジーの発達とともに，遺伝資源など生命に関する知的所有権が遺伝子組み換えの技術を含むようになったことで「社会倫理」の問題として注目を引くようになった。次節はこの特許権について説明する[3)]。

6.3　生命特許の始まり

世界最初の生命特許は，開発者の名前にちなんで「チャクラバルディ」と名付けられた石油汚染除去のために改造されたバクテリアであった。1971 年，米ゼネラル・エレクトリック（GE）社は，このチャクラバルディを特許庁に申請した。特許庁は，従来の方針を貫き，生命体に特許を認めないという理由で却下した。しかし GE 社は納得せず，裁判に持ち込み，その結果 1980 年 6 月連邦最高裁判所は，チャクラバルディを特許として認める判決を下した。裁判官の判断は 5 対 4 と割れたが，多数が支持したことで生命特許が初めて成立した。

米特許庁は，微生物の特許が認められたことを受け，1985年に植物も特許で保護できるという判断を下した。その後アメリカでは，遺伝子組み換え作物などの植物の新品種保護に関して，一般特許，植物特許，植物新品種保護制度の三つから登録者が選択できるよう制度を変えた。さらに1988年4月，米特許庁は遺伝子組み換えマウスも特許として認めた。それはハーバード大学が開発した遺伝子組み換えマウスについてであったが，このマウスの特許を巡って世界中で論争が起きた。賛否両論がある中，カナダの最高裁は2002年末に，このマウスを特許として認めない判決を下した[4)]。

これらのケースからわかることは，生命特許についての議論は，人権，倫理の観点から，あるいは正義，公正の観点から，まだ論争中であるということである。さらにこの議論は，急速に発展するバイオケミストリーとともに多様化が進み，多様な財産権に対処することが求められている。

生命特許の問題は現在，遺伝子技術倫理や開発倫理の重要なテーマとなり，生命特許に関する知的財産権の問題は，これを許容するか否か，あるいはある一定の条件の下でしか許容しないかについて，社会倫理に関する国際的な合意の形成ができるかどうかが焦点となっている。

日本でもこの問題については，日本政府の妥協的な法制が問題になっている。多国籍企業の作り出した遺伝子組み換え種子の導入を許可する法改正を日本政府が行ったため，これに対抗して各地域の自治体が動き始めているのである。これは，伝統的に育てられてきた品種を，遺伝子組み換え種子によって排除していこうとする過程に対する地方からの反対の動きである。

事の起こりは，2018年4月1日「主要農作物種子法」が，日本政府によって廃止されたことに対しての反発であった。例えば福岡県大牟田市議会では，「主要農作物種子法に代わる新たな法律の制定を求める大牟田市議会の意見書」を提出し，福岡県独自の種子条例の制定の動きも出ている。ここに大牟田市議会の意見書を示すことで，全世界的な規模で起こっている遺伝子組み換え作物の大規模モノカルチャーによって日本各地域の多様なイネの種子が支える農村文化の退廃がもたらされ，それによってグローバルな生物多様性の激減状況が促進されることについて示したい。意見書は「種子法」の廃止で，日本で伝えられてきた多くの「伝統的品種の種子が，世界の多国籍企業の画一化したものになることが懸念される」と指摘している。

（日本）国内で生産される種子は100％自給です。南北に長い日本で開発されて，その数は300品種に上ります。種子は最も基礎的な農業生産資材です。（中略）国民の食糧安全保障確保のため，種子を国民の共通財産として守り次世代に引き継いでいくために，主要農作物種子法に代わる新たな法律の制定を強く求めます。

（『日本の進路』2018年11月号，No.315，自主・平和・民主のための広範な国民連合）

つまり日本政府は，地域農民の意見と，国際的な多国籍企業の利益を尊重する国際圧力との板挟みになっているのである。だからこそ，地方議会などが，各県独自の条例制定を進めることが大切なのである。なぜなら種子の多様性は各地域のローカルな人間安全保障の問題であり，それぞれが独自に守らなければならないものだからだ。

6.4 問題の歴史的原因を探る

今日の科学技術の発展によって，農業という人間の生産活動の中でも最も自然に近い営みが，持続が不可能な形で大きく変質させられつつある。いうまでもなく，生物多様性の激減をもたらしている近代資本主義開発の悪影響は，熱帯雨林から深海にまで及んでいる。これは必ずしも種子に限られた問題ではない。しかし，私たちは種子の問題と取り組む中で，今日の「持続不可能な経済」の仕組みとその文明破壊力の大きさに気づくことができるであろう。

ここで21世紀から500年隔たった16世紀に目を向けると，そこには本章で取り上げてきた先住民族の知的所有権などの人権の問題や南北間の生物資源の配分の公正・公平に関する諸問題の源を見出すことができる。16世紀当時，コロンブスは非ヨーロッパ人を征服するための根拠を，ヨーロッパ人がもつ自然権†とした。

16世紀以来，西欧での民主主義や人権の理論を構築した，いわゆる開明主義は，土地を耕す労働を土地の私有権の根拠として，人権や自由についての理論を築いた。その結果，先住民が狩猟や遊牧に使ってきた土地を所有者のいない土地として，農耕に利用しようとする入植者たちの土地私有権を認め，本来権利をもっていたはずの先住民が狩猟や遊牧に利用することを否定した。そして，入植者による先住民の奴隷化と従属の上に植民地支配を築いた。つまりこの暴力的な乗っとりは，先住民の土地を誰も所有権を主張できない無主地である「自然」の一部と定義し，先住民の人間性と自由を否定することで成り立っていたのである[5)]。

かつてアメリカでもヨーロッパからの移住者たちは，土地の所有は，これを耕す労働の当然の代償であるというロックの所有権の理論をその人権論の根底にして，アメリカ先住民つまりネイティブ・アメリカンを強制的に居留地に移住させたアメリカの政策を正当化した[6)]。そして，先住民たちはそれに抗うことができなかった。植民地獲得の時代にヨーロッパで形成された鉱物資源や換金作物農地の「所有」と，さまざまな社会で長い間に先住民の狩猟と放牧によって行われた大自然との共生との間には大きな違いがある。「所有」は私有財産としての所有権に基づいているが，大自然との共生を続けてきた先住民は，彼らの子供や，家族，共同体に与えられる生きるための「仕事（work）」はあっても「労働（labor）」という考え方はもっておらず，土地を「所有」するという概念も希薄だったのだ。そのために，その土地の所有を主張することもなく先祖から住む土地を追い出されてしまった。

† 国家およびその法律に先立って，人が生まれながらにして手にしている生来の権利のこと。

ヨーロッパからの移住者たちのような本来権利をもっていた人々からの暴力的な乗っとりによる「所有」（＝植民地化）は，ヨーロッパにとっては当たり前のこととしてその後も長く続いた[7)]。

やがて19世紀末になると欧米先進工業諸国が構築した国際政治体制として，ウェストファリア体制[†]が完成し，これを支える非西欧世界の植民地化の運動がいわゆる帝国主義の段階にまで進んだ。そして先進諸国間の植民地再配分戦争であった第一次世界大戦の結果，先進国中心の国際連盟（League of Nations）が成立した。

その一方，準周辺の諸国に社会主義圏とファシズム圏が成立し，第二次世界大戦が起こった。戦後，ファシズム枢軸諸国に勝利した資本主義と社会主義両勢力を中心とした国際連合（国連：United Nations）が誕生し，植民地諸国も独立をすると国連に加盟した。

しかし，第二次世界大戦中の科学技術革新により生まれた核兵器は核戦争の脅威をもたらし，その下で東西の冷戦が起こった。またアメリカを中心とする世界経済が南の国々を新植民地主義的な不平等な交易条件の下に置く一方，ソ連を中心とする社会主義経済圏を崩壊させ，アメリカを唯一の覇権国とし，自由市場中心の新自由主義グローバル経済が成立した。

このように19世紀末から21世紀初頭までを含む「長い20世紀」は，二つの世界戦争を巡る政治・軍事的な変化はあったが，その背後では，社会的には国際人権の伸長と世界金融資本主義の強化という二つの流れが長い20世紀を一貫して流れていたということができよう。

種子を中心に置く生態系を守ろうとする人権の流れは第二次世界大戦後，社会主義の福祉国家を目指す流れと，新興独立諸国の反植民地主義の流れと一体になった。1970年頃にはジェンダー平等やマイノリティの権利主張の声が高まり，南の国々による新国際経済秩序などオルタナティヴな世界を目指す動き

† 主権国家からなる国際政治システム。1648年のウェストファリア条約に起源をもち，これにより30年戦争と呼ばれる宗教戦争が終結した。しかし，それと同時に国家が軍隊と警察を用いて人々を殺す権利を国力の増大に利用するようになった。

があった。この動きは，人権伸長・反植民地主義の動きとともに，すでに当時その行き詰まりが予告されていた資本主義経済開発の無際限な成長に反対する「成長の限界」を指摘する環境運動と相互に強化し合う形で推進されていった[8)]。

この人権から環境までを含む複合的な新国際秩序を求める運動は，世界経済の底辺の貧困層の有効需要を増大することで世界経済全体を活性化しようとするケインズ主義的な国際経済の規制を前提にしていた。

けれども，石油ショック[†1]から立ち直った先進諸国経済の圧力の下で，1980年代には南の国々の累積債務などの結果，行き詰ったケインズ主義に代わって新自由主義が支配するようになった。新自由主義グローバル経済により，国際経済はそれまでの「生産中心の資本主義」から「金融中心の資本主義」へと転換したが，21世紀初頭に大きな金融危機であるリーマンショック[†2]に直面した。

この金融危機をきっかけに，金融中心の国際経済のグローバリゼーションは持続不可能であるということが，人権・反植民地主義・生態系破壊反対の動きの高まりとともに指摘されるようになってきた。ESDやSDGsもこのようなグローバル経済と時代思想との衝突の中で生まれてきたものである。

SDGs時代の持続学は，その方向性を見定めるために，本章で見てきたような種子の諸問題を含めて，この衝突の歴史的な原因を探っていかなければならないのではなかろうか。

---

†1　1973年の第四次中東戦争を機にアラブ産油国が原油の減産と大幅な値上げを行い，石油輸入国に失業・インフレ・貿易収支の悪化という深刻な打撃を与えた事件のこと。

†2　2008年9月，大手投資会社リーマン・ブラザーズが経営破綻したことで起きた世界的な金融危機のこと。

引用・参考文献

1) 天笠啓祐：『生物多様性と食・農』，緑風出版（2009）

2) 遺伝子組み換え食品いらない！キャンペーン 編：『遺伝子組み換えナタネ汚染』，クリティカルサイエンス 6，緑風出版（2010）

3) ヴァンダナ・シヴァ 著，山本則雄 訳：『アース・デモクラシー　地球と生命の多様性に根ざした民主主義』，明石書店（2007）

4) ヴァンダナ・シヴァ 著，奥田暁子 訳：『生物多様性の保護か，生命の収奪か―グローバリズムと知的財産権』，明石書店（2005）

5) ロイダ・シービンガー 著，小川眞理子・弓削尚子 訳：『植物と帝国―抹殺された中絶薬とジェンダー』，工作舎（2007）

6) ジョン・ロック 著，角田安正 訳：『市民政府論』，古典新訳文庫，光文社（2011）

7) 網野徹哉：『インカとスペイン帝国の交錯』，興亡の世界史 12，講談社（2008）

8) セルジュ・ラトーシュ 著，中野佳裕 訳：『経済成長なき社会発展は可能か？〈脱成長〉と〈ポスト開発〉の経済学』，作品社（2010）

9) 稲葉振一郎，立岩真也：『所有と国家』，日本放送協会（2006）

10) 梶田孝道：『テクノクラシーと社会運動：対抗的相補性の社会学』，東京大学出版会（1988）

11) 鶴見和子，川勝平太：『「内発発展」とは何か―新しい学問に向けて』，藤原書店（2008）

7. “人（ひと・ヒト）”が生きる・生活するための持続

「持続」は誰のためにあるのか。エネルギーやその資源，自然環境を持続させなければならないのは何故か。考えてみると，エネルギーがない状態でわれわれ“人（ひと・ヒト）”が生きる・生活することはできない。これまでの章で，「地球と生命 40 億年の持続」，「安心して暮せる生態系サービスの持続」や「資源循環と持続」が述べられてきた。これらに代表される持続が，“人（ひと・ヒト）”が生きる・生活することにどれだけ密接に関連しているかを考えて欲しい。

本章では，“人（ひと・ヒト）”が生きる・生活するための持続について述べる。

7.1 ヒトの持続

ヒトはどんな生活を送るにしろ，生物としての存在がなければ成り立たない。では生物としてヒトが存在する上で，必要なものは何だろうか。この生物としての生存を保証するための知識と技術が，持続学の基盤領域と考えられている。そして，ヒトが生物として存在するには，まずは誕生する必要がある。

生殖と科学を合体させた入門書の初めは，1911 年にアメリカで出版された『子どものための生物学入門』だといわれている。著者はエドウィン・テニー・ブルースターである。ブルースターは子どもたちに，どのように生命が誕生するのかを科学的に説明しようとした。しかし，1911 年という時代ゆえか，節度と思慮深さから，人間の生命誕生に触れることはできなかったと語られている。それから 90 年が経過し，同じくアメリカのウィスコンシンにある大学の研究室で，ジェームズ・トムソンがシャーレに入っている受精後 4 日目のヒトの胎《たい》芽《が》から細胞を取り出そうとしている。ブルースターが『子どものための生物学入門』を出版してから，トムソンがヒト胚性幹細胞の分離に成功してTIME 誌の表紙を飾る 2001 年までの間になされたのは，数々の偉大な生物学的発見である。その一つが，分子に人間の胎児を作れと命じるのは，やはり分子だということである。

人々はつねに，ヒトの命の起源を，自分たちをとりまく世界を反映する物語によって説明しようと試みてきた。コウノトリが子どもを運んでくる話は有名である。このような生命誕生の物語がまことしやかに語られていた 1677 年，男性の精細胞が発見され，この物語は大きく変化することとなった。顕微鏡が発明され，科学者たちはこれまで肉眼で見ることのできなかった物体を観察できるようになったのだ。顕微鏡学の父と呼ばれるレーウェンフックが，性液の中に「微小動物」を見つけ，「長い尾をもつ小さなピーナッツのようだ」と書いている。やがてこの微小動物が種であり，女性の体は新しい生命が植えつけられる土壌だと考えられるようになった。そして性別を含め，この微小動物の特徴こそが赤ちゃんの特徴を決めるのだといわれてきた。この説は，女性の生殖細胞の存在が発見されるまでの約 150 年間，科学の世界で定説となった。その後，二つの細胞が融合（受精）することがわかったが，どのようにして新しい生命体である赤ちゃんが誕生するのかはわからないままであった。しかし，19 世紀の終わりに来て，ようやくヒトの生命誕生の秘密が近代科学によって解明され始めた。

生物は生殖によって次世代を産生し，個体の死を超えて存在することを可能にしている。生物であるヒトも同様であり，生殖によって子孫を作り出す。受胎の瞬間，すべてのヒトの胎芽は 9 か月にわたる驚くべき発育の旅に出る。卵にたどり着いた精子は，卵を取り囲んでいる透明帯と呼ばれる手強い糖タンパク質のバリアを貫通する。卵の透明帯は 1 個の精子を吸い込んだ後，硬くなって他の精子を追い払う。卵が受精すると，あらゆることが自動的に始まり，その変化は複雑になる。たった一つの受精卵が胎芽，胎児へと成長し，数兆個の細胞からなる新生児へと続く旅を始めるのだ。赤ちゃんの体を作り上げるために，母体は最高の環境を提供する。そして，この子宮での 9 か月と健全な出産を経て，赤ちゃんは一人立ちすることになる。誕生はこの世界での旅の始まりである。そして何より，この生命の誕生こそがヒトの持続である。

しかし，子をもちたいという願望は人権のように無条件に叶えられるものではなく，時として倫理的，社会的，法的問題点のみならず，医学的障害があることを忘れてはならない。その理由は，近年の生殖医学の進歩にはめざましいものがあり，生殖現象の解明のみならず，ヒトの生殖現象を操作する新しい技術も開発されていることにある。1978 年のヒト体外受精・胚移植による児の誕生以来 20 年が経過し，瞬く間に生殖補助医療技術（ART）の重要な位置を占めるようになった。さらに顕微授精は，男性不妊の治療法として現在では中心的役割を果たすとともに，生殖生理の基礎研究科学においても，そのメカニズムの解明に関する新知見を集積しつつある。わが国においても，これら体外受精関連技術で出生した新生児の数は，年間出生総数の 1%を超えるに至っている。

21 世紀の生殖医療は，神に代わってヒトが新しい生命を作り出す時代といえるかもしれない。しかし，いつの時代でも忘れてはならないことは，生命の尊厳に対する畏れと謙虚さであり，それを保ち続けることがヒトの持続につながると考えられている。

7.2 ひとが生きる持続

“ひと”は，ただ生命（いのち）があればよいというわけではない。“生きる”とは，ひとがこの世に生まれ，生涯を通して健康であり，自らの可能性を伸ばしながら生きること，疾病や障がい，加齢に伴う変化が訪れようとも，自分の望む生活を実現すること，そして，その人らしく穏やかな終末を迎えることだと考えることができる。この包括的な“生きる”を支えるのも，持続学の一つだと考えられており，その実践領域である。寿命を伸ばすことや病気を治すことだけが目標ではなく，病気をもたない人々も，より健康でいられるように，また病気や障がいがあったとしても，生活上の困難や苦痛をなくせるように，技術やシステムを創造することも持続学に含まれる。

ここで，障がいについて考えることにする。そもそも，障がい者という概念や範囲は，その時代や国によって異なる。日本においては，障がい者手帳の所持が判断基準となる場合が多い。しかしWHOによると，海外では加齢による身体の不自由さや，妊娠時などの動きにくさなども社会活動への参加を制限するようなものまで含めて，障がいとして捉えるようになってきている。

日本の障がい者数について述べる。身体障がい，知的障がい，精神障がいの3区分について，厚生労働省による「生活のしづらさなどに関する調査」，「社会福祉施設等調査」または「患者調査」に基づいて推計された基本的な統計数値によると，各区分における障がい者数の概数は，身体障がい者（身体障がい児を含む。以下同じ）436万人，知的障がい者（知的障がい児を含む。以下同じ）108万2千人，精神障がい者419万3千人となっている[1)]。これを人口千人当りの人数で見ると，身体障がい者は34人，知的障がい者は9人，精神障がい者は33人となる。複数の障がいを併せもつ者もいるため，単純な合計にはならないものの，国民のおよそ7.6%が何らかの障がいを有していることになる。

ここで重要なのは，「障がい」はその人の体や心にある「機能の障がい」と社会の中にあるバリアの両方で作り出されているものであり，言い換えると，障がいとは「社会における（少しの）生きづらさ」であろう。障がいにかかわらず，移民や社会的マイノリティー，戦争孤児，LGBTなど，さまざまな「生きづらさを抱えながら生きている人たち」が社会にはいることを忘れてはならない。このような中，社会では，すべての人がたがいの人権（私たちが幸福に暮らしていくための権利）や尊厳（その人の人格を尊いものと認めて敬うこと）を大切にし，支え合い，誰もが生き生きとした人生を送ることができる社会の実現を目指している。これを「共生社会」という。共生社会は，さまざまな人々が，すべて分け隔てなく暮らしていくことのできる社会である。

共生社会には，「心のバリアフリー」という考え方（システム）がある。“心のバリアフリー”とは，さまざまな体や心の特性や考え方をもっているすべての人々が，たがいにわかり合うために話をし，支え合うことである。社会にあるバリアを取り除くのは，その社会の責任である。この考え方を「障がいの社会モデル」という。これをすべての人が理解し，自分の考え方に取り入れ，具体的にバリアを取り除く行動をすることで，社会全体の人々に心のバリアフリーの考え方を広めていくことができる。ともに支え合い，さまざまな人々の能力が発揮されている活力ある社会の形成もまた，ひとの生きる持続といえるのではないか。

2020年の東京オリンピック・パラリンピック競技大会（以下「東京2020大会」）では，特にパラリンピック重視の姿勢が目立っている。例えば「大会開催基本計画」[2)]では，大会全体のコンセプトの一つである「多様性と調和」を実現する上で，パラリンピックの成功が「極めて重要な要素」とされているだけでなく，「パラリンピック大会の評価が，東京2020大会全体に対する国内外からの評価を左右すると言っても過言ではなく」と記述されている。パラリンピックは，障がいのあるトップアスリートが出場できるスポーツの祭典である。「障がい者スポーツ」には，障がい者が行うスポーツ，障がい者のためにルールなどが調整されたスポーツ（アダプテッドスポーツ），障がいを非障害化したスポーツなど，さまざまな捉え方がある。しかし，障がい者スポーツは福祉だと認識している方も多い。現に，障がい者スポーツは2014年までは厚生労働省の所管であったことから，福祉色が強いのかもしれない。しかし，障がい者スポーツは2014年から文部科学省の所管に移るなど，少しずつ障がい者スポーツも「福祉」から「スポーツ」に変わってきている。

しかしマスメディアにおいても，オリンピックと比べてパラリンピック競技の放映時間は少なく，パラリンピックの注目度はオリンピックよりも低いと感じられる。その原因として，多くの人の心の中に，パラリンピック＝「障がい者のための」スポーツ大会，という認識があるのではないかと思われる。障がい者スポーツをプレーしたことがある人，または見たことがある人はどのくらいいるだろうか。テレビでの放映も少なく，体育の授業で体験することもほとんどないため，障がいをもっていない人にとっては障がい者スポーツはなじみが薄く，ルールを知る機会や興味をもつ機会も限られている。

国際的な障がい者のスポーツ競技大会としてのパラリンピックは，イギリスのロンドン郊外にあるストーク・マンデビル病院で開催されたストーク・マンデビル競技大会（SMG：Stoke Mandeville Games）が源流とされる。この競技大会，そして後のパラリンピックの創設者であるルートヴィヒ・グットマン博士の言葉につぎのようなものがある。

『It's ability, not disability, that counts.

(失ったものを数えるな。残された物を最大限にいかせ。)』

この言葉のとおり，障がい者スポーツに関わると，人間の可能性は本当に無限大であることを改めて感じることができる。例えば，ブラインドサッカーをプレイしている選手はアイマスクで視力こそ無になるものの，彼らは音だけで方向や空間ですら把握することができる。

ブラインドサッカーは，人間が情報の8割を得ているという視覚を閉じた状態でプレーする5人制サッカーである。ピッチはフットサルコートと同じ大きさで，両サイドライン上に高さ1mほどのフェンスが並ぶ。試合はフィールドプレーヤー4名，ゴールキーパー1名，監督1名，ガイド（コーラー）1名の計7名のチームどうしで行い，転がると音が出る特別なボールを使用し，ガイドがゴールの後ろにいて位置を教えたり，ボールをもった相手に向かって行くときにプレーヤーが「ボイ！」と声を出すなど，ルールが工夫されている。

障がい者スポーツ＝福祉と考える人には，障がいをもっている人は自分よりできないことが多く，助けてあげなくてはいけない人だと考えている人も少なくないのではないだろうか。しかし，これは大きな間違いである。工夫を凝らせば障がいがあってもスポーツを目一杯楽しむことができ，そこにおける選手達の生き方や前向きな姿勢，競技との向き合い方は，健常者の障がいをもつ人への誤った認識を取り払ってくれるだけでなく，同じ障がいをもつ人のロールモデルにもなっていくと考えている。

また，障がい者スポーツを通した共生社会への取り組みも行われ始めている。例えば中部大学では，「スポーツの力を地域づくりに活かす」ことを目標に，スポーツの中でも障がい者スポーツの推進を軸にして活動を進めている。この活動では，スポーツをしようと思ってもできないような方々にスポーツをする機会を提供することを念頭に置いている。ほんの少しずつではあるが，障がい者スポーツは「障がい者がするスポーツ」ではなく，「みんなで楽しむスポーツ」になってきている。

スポーツは，「ひとが生きる持続」にとって重要な鍵となるものである。その理由は，チームや競技場にさまざまな人，モノが集まり，それらのつながりから生まれる化学反応が社会の課題を解決することに役立つからである。その手応えこそが，スポーツ界において持続可能性への取り組みを広げることにつながっているのだと考えられる。

最後に，国連が広める「スポーツのもつ力」についての五つのメッセージを以下に紹介しよう。

スポーツは

① 他人に対する尊敬の意と，人々の間の対話を促進します。

② 子どもと若者が生きるために必要な術や能力をもたらします。

③ 障がいの有無に関わらず，すべての人々の社会への参画を促します。

④ 男女の平等を促進し，女性のエンパワーメントに貢献します。

⑤ 身体の健康のみならず，心の健康を向上させます。

7.3 人と社会の持続

一人ひとりの“人”や，集団としての“人々”が，社会の構造や制度，慣習や文化，人と人をつなぐ社会関係にどのような影響をもたらすのか。人の行動が人々の生活する社会の中で形作られていく複雑な過程に関与することも持続につながると考えることができる。

現代社会はストレス社会だといわれている。特に，働く上でストレスを感じて心の病になる人が増加している。労働者健康状況調査によると，現在の仕事や職業生活に関することで，強い不安，悩み，ストレスになっていると感じる事柄がある労働者の割合が50%を超えている[3)]。日本には，労働安全衛生法という労働災害の防止を目的とした法律があり，その中の労働災害保証制度に基づいて精神障がいを理由として補償請求がなされる件数が年々増加し，2014年には1 456件に達している。その内，497件が仕事のために精神障がい（含む自殺）になったと認定されている。心の病は，人々の生活に大きな影響を与えるとともに，医療費の増加，労働生産性の低下など，社会に大きな損失を与えるため，循環器疾患（例えば高血圧）や代謝性疾患（例えば糖尿病），がんを予防するのと同じく，心の病を未然に予防する必要がある。働く人の心を健康に保持・増進することを職場のメンタルヘルスといい，現在，多くの企業で重要視されている。この職場のメンタルヘルスは“ひとが生きる持続”にとって，基盤を形成するものの一つといえる。

つぎに，人と人とのつながりを考えることにする。近年，孤独死などの問題を受け，絆やつながりの重要性が重要視されている。一つの原因は，核家族化が進み，高齢者の一人暮らしが増加したことにあるとされている。このような高齢者の中には日頃の付き合いがなく，具合が悪くなっても助けを呼ぶ相手がいないなどの理由から孤立死を起こすケースがあり，社会問題となっている。近年は20代，30代においても一人暮らしの人が増え，人とのつながりが希薄となり，将来の孤独死につながることが懸念されている。

人と人のつながりの有無は健康に影響すると考えられており，日頃から人とのつながりを保つことが重要である。「つながり」は，学術的には社会関係といわれ，社会からの孤立は健康リスクに影響するとの研究もある。例えば，Holt-Lunstedらによる報告[4)]によると，社会関係が希薄なほど死亡リスクが高くなり，喫煙や飲酒に匹敵することが示されている。

昨今では孤立死の防止や災害時への備えとして，地域社会でのつながりを再構築する取り組みが全国で行われている。文部科学省が国内の大学を対象として，「地域社会との連携強化による地域の課題解決」や「地域振興策の立案・

実施を視野に入れた取り組み」をバックアップする施策として，大学 COC 事業を展開したのもその一つである。COC は Center of Community の頭文字を取った略語で，「地（知）の拠点整備事業」とも称される。この Center of Community にある Community（コミュニティ）には，地域社会だけでなく，職場や学校，部活動も当てはまる。人と社会の持続のためには，コミュニティのあり方を考えることが重要である。

7.4 “持続”は誰のためにあるのか

本章では，人間のことを“ヒト”，“ひと”そして“人”に書き分けている。いずれも人間であることには変わりない。ただしこの書き分けには意味があり，人間のどの側面に注目しているかを表現している。この違いはごく微妙なものであるが，人間の持続を考える際には大切な違いである。

“人（ひと・ヒト）”が“生きる”ということは，きわめて複雑な現象であり，それを支える考え方のそれぞれが“持続”につながると考えることができる。

引用・参考文献

1）内閣府：令和元年版 障害者白書（全体版），参考資料 障害者の状況，https://www8.cao.go.jp/shougai/whitepaper/r01hakusho/zenbun/siryo_02.html（2019 年 12 月 13 日現在）

2）東京オリンピック・パラリンピック競技大会組織委員会：東京 2020 大会開催基本計画，pp.13 ～ 14（2015），https://tokyo2020.org/jp/games/plan/data/GFP-JP.pdf（2019 年 12 月 13 日現在）

3）厚生労働省：労働者健康状況調査，https://www.mhlw.go.jp/toukei/list/h24-46-50.html（2019 年 12 月 13 日現在）

4）J. Holt-Lunstad, T.B. Smith, J.B. Layton：“Social relationships and mortality risk：a meta-analytic review”. *PLoS Med.,* 2010 Jul ;7（7）：e1000316

8. 健康・ライフスタイルと持続

私たちは，つねに健康であり続け，よりよい人生を歩みたいと思っている。このことは個人だけではなく家族や地域社会全体の願いでもあり，すべての人々がそのような社会を望んでいる。

近年，日本では年間約 130 万人以上が死亡している。2018 年死因の第 1 位はがん 37.4 万人，第 2 位は心筋梗塞・心不全などの心臓病 20.8 万人，第 4 位は脳出血・脳梗塞などの脳卒中 11 万人となっている。これらの病気は，**生活習慣病**（life-style related disease）といわれ，死因の約 5 割を占めている[1]。生活習慣病は，さまざまな生活習慣が関わって発症するといわれている。ブレスローは，1972 年に「七つの健康習慣」（**表 8.1**）を実施している数が多いほど病気にかかる割合が少なく，平均寿命も長かったと報告した[2]。その後，この健康習慣を実施することで生活習慣病を予防できることが多数の疫学研究で実証されており，その一例を**表 8.2** に示す[3]。

表 8.1　ブレスローの七つの健康習慣

1	適切な睡眠時間をとる
2	喫煙をしない
3	適正な体重を維持する
4	過度の飲酒をしない
5	定期的に激しいスポーツをする
6	朝食を食べる
7	間食をしない

さて，すべての人間は胎内で発育し，生まれてから成長，成熟を経て衰退し，最後は死を迎えるという一生をたどる。このような人間の**発達過程**（ライフサイクル：life cycle）を心身の発達状況の特徴によって年齢で区分している。これを**発達段階**（ライフステージ：life stage）という。発達段階は，個人差も関

表 8.2　NCDs[†]と生活習慣との関連－これらの疾患の多くは予防可能－

疾　患	禁　煙	健康な食事	身体活動の増加	リスクを高める飲酒の減少
が　ん	○	○	○	○
循環器疾患	○	○	○	○
糖尿病	○	○	○	○
慢性閉塞性肺疾患	○			

〔出典〕　厚生労働省：健康日本 21（第二次）[†]の推進に関する参考資料

係するので必ずしも一様に年齢で区分できるものではないが，出生前の胎児期，乳幼児期（0～6 歳），学童期（7～12 歳），思春期（13～18 歳），青年期（18～29 歳），成人期（20 歳後半～64 歳），老年期（65 歳～）と分けることができる。生活習慣病は，成人期や老年期の問題ではなく，乳幼児期やそれ以前の胎児期までさかのぼって予防することが必要だといわれている。

本章では，青年期という時期に焦点を当て，健康であり続けるにはどのような生活を送ったらよいのかを考えてもらいたい。特に，大学生は 20 歳になると，「喫煙」，「飲酒」が社会的に容認される。しかし，これらは生活習慣病に関係した注意すべき生活習慣であることから，この時期に習慣化しないようにすることが最大の予防対策であることを認識してもらいたい。

8.1　健　康　と　は

世界保健機関（WHO：World Health Organization）憲章では，健康は，“Health is state of complete physical, mental and social well-being and not merely the absence of disease or infirmity” と定義され，「身体的，精神的および社会的に完全に良好な状態で，単に病気がないまたは虚弱でないというだけではない」と訳すことができる[4]。ここで，身体的に良好とは，生命の維持や日常生活の諸活動を円滑に遂行するために必要な機能を備えていることを意味する。精神的に良好とは，過度なストレスがなく，意欲的に生活を営んだり仕事に取り組み，地域社会の構成員として役割を果たす積極性をもち，充実した

† 「NCDs」および「健康日本 21（第二次）」については，8.2 節を参照。

人生を過ごしていると実感できることをいう。社会的に良好とは，物理的な生活水準のみでなく，社会福祉や社会保障制度の充実，文化的な活動の機会や施設の利用が確保されていることを意味している。

また日本では，憲法第25条において，「すべて国民は，健康で文化的な最低限度の生活を営む権利を有する。国は，すべての生活部面について，社会福祉，社会保障及び公衆衛生の向上及び増進に努めなければならない」と国民の生存権とそれを保障する国の社会的使命がうたわれている。

このような健康の定義に基づいて，日本や世界の各国は健康問題や健康課題に対して取り組み，その結果，健康水準指標の一つである**平均《へいきん》余《よ》命《みょう》**（life expectancy）を延ばしてきた。この平均余命は，ある年齢のときにあとどれくらい生きられるかを示しており，0歳の人の平均余命が**平均寿命**（average life expectancy）である。2017年の日本人の平均寿命は，女性は87.26歳，男性は81.09歳であり，男女とも世界トップクラスの長寿国となっている[1)]。

しかし，感染症が減少して生活習慣病が増加するという疾病構造の変化と高齢化により，単に長い期間生きていることだけでなく，いかに健康で自立して社会生活を過ごすことができるかという**生活の質**（QOL：quality of life）が求められるようになってきた。それを評価するために考えられたのが**健康寿命**（quality of life span）という指標である。日本では，健康寿命を測定する際，「あなたは現在，健康上の問題で日常生活に何か影響がありますか」という問いに対して「ない」と回答した場合を「日常生活に制限なし」として算出している。2016年の日本人の健康寿命は，男性は72.14歳，女性は74.79歳であるが，世界の中では高いとはいえない[4)]。

例えば，脳卒中や心臓病を経験した人は，死に至らなくとも障害が残ったり，長期間床にふせっている場合がある。すると，食事，排泄，入浴，着替え，移動などの**日常生活動作**（ADL：activities of daily living）が一人ではできなくなり，他の人の手助けが必要となってくる。国民生活基礎調査（2016年）によると介護が必要となった人の約20％は脳卒中や心臓病が原因と示されている。したがって，これらの病気を予防することは，生活が自立して，健康で元気に過ごすことができる期間，つまり健康寿命を延ばすことにつながる。2016年の調査では平均寿命と健康寿命の差は，男女ともにおおよそ10年である（**図8.1**）。この差を縮めること，すなわち健康寿命を延ばすことがこれからの健康づくりの目標である[1),4)]。

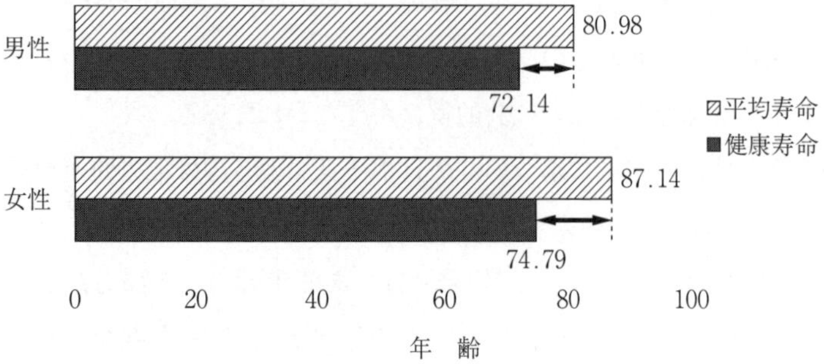

図8.1　2016年の日本人の平均寿命と健康寿命の差

8.2 生活習慣病とは

生活習慣病とは，日本では公衆衛生審議会意見具申（1996年）において「食習慣，運動習慣，休養，喫煙，飲酒等の生活習慣がその発症・進行に関与する疾患群」と定義されている[1)]。現在，**健康日本21（第二次）**では[†]，がん，循環器疾患（脳卒中，心臓病などを併せた病気），糖尿病，慢性閉塞性肺疾患（COPD）などの生活習慣病を取り上げ，それらを予防するための生活習慣や社会環境改善の対策が示されている[3)]。

WHOは，不健康な食事や運動不足，喫煙，過度の飲酒などの原因が共通し，生活習慣の改善により予防可能な疾患をまとめて**非感染性疾患**（NCDs：Non-Communicable Diseases）としている。対象疾患は，がん，循環器疾患，糖尿

---

† 健康日本21（第二次）とは，健康増進法に基づき，健やかで心豊かに生活できる活力ある社会を実現し，その結果，社会保障制度が持続可能なものとなるよう，国民の健康の増進の総合的な推進を図るための基本的な事項を示したもので，2013年度から2022年度までの「二十一世紀における第二次国民健康づくり運動」のことを指す。

病，慢性閉塞性肺疾患の四つを中心にしているので，日本の生活習慣病とほぼ一致していると考えてよいだろう。WHO は，NCDs の対策として「グローバル NCD 行動プラン 2013 ～ 2020」を公表しており[5)]，非感染性疾患（生活習慣病）予防は日本だけの問題ではなく，世界中の健康問題や健康課題となっている。

以下の節では，大学生に関係する生活習慣について述べていく。

8.3 食 事 の 意 義

私たちにとって，「食事すること，食べること」にはどのような意義があるのだろうか。空腹に対する欲求を満たすことはもちろんであるが，一番は栄養分を体内に取り入れてそれをエネルギーに変換して生命を維持するとともに活動エネルギーを確保し，健康増進・病気の予防，病気からの回復などを行うことであろう。食事とはまさしく，人間が生きていく上で最も不可欠な行動であるといえる。しかし，近年この最も不可欠なはずの「食べる」という行動が日常生活の中で軽んじられている。ブレスローの健康習慣の一つに反して，朝食をとっていない人が増えているのである。日本の朝食欠食率（2017 年）は，男性は 18.3%，女性は 14.1%で男性のほうがより欠食する人が多かった。また，年齢層で見てみると，男女とも 20 歳代が最も欠食率が高く，男性では 30.4%，女性は 26.7%であり，近年この傾向が続いている[6)]。

大学生 75 名にアンケート調査を行ったところ，朝食をほとんど食べない人は 32 名（42.7%）であった[7)]。食べていない人は，中学・高校のときも欠食していた。また食べていない人は，ほとんどが 1 日 2 食で，栄養が十分に取れていないと回答していた。大学生で朝食を食べない人は，すでに過去から食べていない習慣が続いており，社会人になってもこの習慣が続いてしまうのではないかと危惧される。特に，一人暮らしの大学生が朝食を食べていないことが多く，大学生になって生活パターンが変わるときには注意を要する。

また，「朝食の欠食」は肥満になりやすいという研究もある。このことについては，明確な科学的根拠は得られていないが，1回の食事の量が多くなったり，食事時間が不規則であることなど他の食生活との関連が示されている。健康を増進するために，読者の皆様には食生活を見直し，特に朝食をとっていただきたい。

【考えてみよう】食べることの変化

老年期であるSさん（シニア大学）は，ライフステージごとに自分自身の食べることについての変化を振り返ってくれました。

養育された幼児時，学童期，青年期前半までは，親が作って出してくれたものを食べ，嫌いなものは残した。青年期後半になって，親元を離れると，自分が食べたいときに食べたいモノを選ぶようになっていった。ただ，お腹がふくれれば，満足感さえ得られればよいという感じであった。学食や社員食堂で毎回同じようなものを食べ，時間がないときには，カレーライス，ラーメン，うどんなどを選んだ。このような食事が成人期初めまで続いた。結婚してからは，幼児期のように妻が作ってくれたものを食べた。そして，子どもが生まれると子ども中心の食生活になっていった。

成人期の中頃は，仕事の負担が増し，特に夕食が乱れてきて体にいろいろ影響が出てきた。この頃から血圧が高いので塩分を控え，血糖値が高くなるから甘いものも控え，お酒，脂肪分もほどほどにするようにした。そして，「食べものばかり気をつけていないで運動をしなさい」と指導を受けた。老年期になって，さらに「肉の代わりに，もっと魚を食べないといけない」と指導された。肉を食べて魚を食べなくとも元気な人はいるのに……と思いながら，老年期であるいま，体の様子を見ながら，好きな“肉”をどのくらい食べるか考えて，1日3回，しっかり食べている。

8.4 喫煙の弊害

タバコの煙には約5 300種類の化学物質が含まれ，70種類以上は発がん物質といわれている。タール，ニコチン，一酸化炭素は3大有害物質である。喫煙は，がん，循環器疾患，糖尿病，慢性閉塞性肺疾患，生活習慣病以外にもさまざまな疾患の危険性を高める。例えば，妊婦が喫煙した場合は，早産，低体重児の出産，胎児性発育遅延の危険性が高くなる。また，受動喫煙（室内またはこれに準ずる環境において，他人のたばこの煙を吸わされることをいう[8)]）により，がん，循環器疾患，ぜんそくなどの呼吸器疾患，乳幼児突然死症候群などすべてのライフステージに健康被害を及ぼす。タバコの煙には，喫煙者が吸う「主流煙」，喫煙者が吐き出した「呼出煙」，タバコから立ち上る「副流煙」があり，受動喫煙では呼出煙と副流煙が混ざった煙を吸わされていることになる。煙に含まれる発がん性物質などの有害成分は，主流煙より副流煙に多く含まれるものがあり，受動喫煙の危険性が指摘されている。日本では東京オリンピック・パラリンピックの開催に伴い，2018 年 7 月に健康増進法が改正されて受動喫煙対策が義務化された。また大学においては，屋内での全面喫煙禁止，屋外では望まない受動喫煙が生じないよう，喫煙対策を講じなければならないとされている。

2017 年の国民健康・栄養調査では，タバコを習慣的に吸っている人（毎日または時々吸っている人）は男性 29.4%，女性 7.2%であった。タバコをやめたいと思っている人は喫煙者の 28.9%であるが，この割合が急激に減少してきた[6)]。この要因として非燃焼・加熱式タバコ[†1]や電子タバコ[†2]などの使用が関係しているのではないかという報告がある[10)]。なお，非燃焼・加熱式タバコや電子タバコの有害性についての科学的根拠は得られていない[11)]。

8.4.1 ニコチン依存

ニコチンは，脳血液関門というところを通って，脳内に作用する薬物である。脳の前頭葉の快中枢にドーパミン系の報酬回路を刺激して「快楽」を起こ

† 1　非燃焼・加熱式タバコ（Heat-not-burn tobacco）とは，葉タバコを加熱することにより，ニコチンを含むエアロゾルを発生させて吸引するタイプのタバコのことである[9)]。

† 2　電子タバコ（E-cigarettes）とは，リキッド（液体）を加熱してエアロゾルを発生させて吸引するタイプのタバコである。リキッドにはニコチンを含むものと含まないものあるが，ニコチンを含むリキッドは日本では販売されていない[9)]。

させる作用がある。喫煙者がしばらくタバコを吸わないとニコチン欠乏が起こり，学業や仕事に集中できなくなりイライラする，落ちつかないなど不快な症状が起こって，タバコを吸う行動をとる。この繰り返し行動が「ニコチン依存症」といわれるものである。若い人ほどニコチン依存症になりやすいといわれている。

日本では2006年にニコチン依存症が病気として認められて保険が適用できるようになり，医療機関で禁煙指導・治療のもと禁煙できるようになってきた。禁煙指導をしている際に，喫煙者から「意思が弱いから禁煙できない，ま

表8.3　ニコチン依存度テスト/ニコチン依存症スクリーニングテスト

	設問内容	はい（1点）	いいえ（0点）
問1	自分で吸うつもりよりも，ずっと多くのタバコを吸ってしまうことがありましたか		
問2	禁煙や本数を減らそうと試みて，できなかったことがありましたか		
問3	禁煙や本数を減らそうとしたときに，タバコがほしくてほしくてたまらなくなることがありましたか		
問4	禁煙したり本数を減らそうとしたときに，次のどれかがありましたか（イライラ，神経質，落ちつかない，集中しにくい，ゆううつ，頭痛，眠気，胃のむかつき，脈が遅い，手のふるえ，食欲または体重増加）		
問5	問4でうかがった症状を消すために，またタバコを吸い始めることがありましたか		
問6	重い病気にかかったときに，タバコはよくないとわかっているのに吸うことがありましたか		
問7	タバコのために自分に健康問題が起きているとわかっていても，吸うことがありましたか。		
問8	タバコのために自分に精神的問題(注)が起きているとわかっていても，吸うことがありましたか		
問9	自分はタバコに依存していると感じることがありましたか		
問10	タバコが吸えないような仕事や付き合いを避けることが何度かありましたか。		
	合計スコア		

（注）喫煙や本数を減らしたときに出現する離脱症状（いわゆる禁断症状）ではなく，喫煙することによって神経質になったり，不安や抗うつなどの症状が出現している状態。

た失敗した」ということをよく聞く。意志が弱いのではなく，ニコチン依存症という病気であることに気づき，知識を深めることが必要である。

表8.3に示したニコチン依存度テスト/ニコチン依存症スクリーニングテスト（TDS：tobacco dependence screener）[12]を使って，あなたのニコチン依存度を測ってみよう。「はい」を1点，「いいえ」を0点，該当しない場合も「0点」としてスコアを計算し，合計スコアが5点以上であればニコチン依存症と判定する。

8.4.2　慢性閉塞性肺疾患

慢性閉塞性肺疾患（COPD：chronic obstructive pulmonary disease）は，おもに喫煙することで，気管支に炎症が起こり，気道や気管支が狭くなったり，肺の弾力が低下し，肺への空気の流れが悪くなって呼吸困難を引き起こす慢性呼吸器系の病気である。症状は，体を動かしたときの息切れ（呼吸困難感），咳，呼吸するときのヒューヒュー，ゼーゼーという音，痰などである。いったんこのような状態になると気管支の炎症の痕や肺は元には戻らない。在宅酸素吸入療法によって酸素吸入を行って生活を送ることができるが，日常生活活動はかなり低下する。

8.5　飲 酒 の 問 題

アルコールを摂取し続けることによって，すい臓・肝臓がん，循環器疾患，糖尿病，肝臓病にかかりやすくなることがわかっている。日本では，誰もがアルコール飲料を自由に手に入れることができるので，男女の差がなく，すべてのライフステージにおいて，アルコール依存症などアルコールに関連する諸問題が存在する。胎児期・妊娠期では胎児性アルコール症候群，青年期では急性アルコール中毒（一気飲み），臓器障害，薬物乱用，交通事故，犯罪などの社会問題，成人期・高齢期では生活習慣病をはじめ，肝硬変，認知症，うつ病，自殺などの深刻な問題との関連も指摘されている。またアルコール依存症では，アルコールが体から抜けると，イライラや神経過敏，頭痛・吐き気，手の震えなどの離脱症状が出てくるため，それを抑えようとして，飲酒するという繰り返しの行動をとる。

ここで，アルコール（一般にエチルアルコールを示す）の吸収・分解について簡単に説明する。アルコールが体内に入ると，約 30 分で 3 割が胃から，残りは小腸で吸収される。そして，体内に吸収されたアルコールのほとんどは肝臓で分解される。肝臓では，アルコールは**アルコール脱水素酵素**（ADH：alcohol dehydrogenase）によって**アセトアルデヒド**（acetaladehyde）という猛毒物質に変化する。

このアセトアルデヒドという物質は，毛細血管を拡張させて皮膚を赤くし，動悸，頭痛，吐き気などの症状をもたらし，いわゆる「悪酔い」の症状を示す。アセトアルデヒドは，アセトアルデヒド脱水素酵素（ALDH：aldehyde dehydrogenase）によって酢酸になり，おもに筋肉で炭酸ガスと水に分解されて体外に排出される。アセトアルデヒド脱水素酵素には 1 型アルデヒド脱水素酵素（ALDH1）と 2 型アルデヒド脱水素酵素（ALDH2）などがあるが[†]，おもにアセトアルデヒトの分解に関わっているのは ALDH2 である。この ALDH 2 が遺伝的に働かない人もおり，その場合は，飲酒するとアセトアルデヒドが分解されずに体内に蓄積され，先の症状が現れて飲酒ができなくなる。

日本人は，ALDH 2 がほとんど働かないタイプの人が 10%，わずかしか働かないタイプの人が 30 ～ 40%，働くタイプの人が 50 ～ 60% であることがわかっている。これらのタイプを簡単に見分ける方法として，エタノールパッチテストがある。私たちの周りには ALDH 2 が働かないタイプの人，つまり飲めない人がいることを認識し，決してアルコールを無理強いしてはいけない。

アルコールの分解能力，アルコールの体質は生涯変わることはない。しかし，俗に「鍛えれば飲めるようになる」といわれることがある。これは，**メーオス**（MEOS：microsomal ethanol oxidase system）というもう一つのアルコー

† アセトアルデヒド脱水酵素は 1 型 ～ 6 型の 6 タイプがあることがわかっている。

ル分解経路によるものである。メーオスは20～30％のアルコールの分解を担っているが，アルコールを飲み続けているとこの経路で早く分解ができるようになるために「お酒に強くなった」と捉えられてしまうことがある。アルコールのすべてがメーオスで分解されるわけではないことを理解しておこう。

【考えてみよう】アルコールのパッチテストの結果とその後の飲酒行動

アルコールのパッチテストを行った後，学生に「このテストによって自分の飲酒行動が今後どのようになっていくと思うか」と聞きました。

「全然飲めないタイプ・ホントは飲めないタイプ」と結果が出た人からの回答

- お酒に弱いことがわかったので，飲んではいけないと思った。今後は飲まないだろうと思うし，周りから勧められても断るようにしたい。
- 友だちと飲むときにはついつい飲んでしまう。一度に多量に飲酒することは控えたい。
- まったく飲めなかったけれど，飲んでいるうち量が増えていった。自分が強くなった気がしたが，体に負担がかかっていたことに気がついた。

「飲めるタイプ」と結果が出た人からの回答

- 他の人から赤くならないねと言われていたが，このことが飲み過ぎてしまうことになるとは思わなかった。
- 就職すると，飲み会が増えると思うので，飲みすぎないようにする。
- 休肝日を設けないと，アルコール依存になってしまうような気がする。
- 自分でお酒の量をセーブしていかないといけない。
- 会社に入って上司や先輩の誘いを断るのが難しそうなので，酒量が増えるかもしれない。

アルコールの問題は，国内外で大きな健康問題となっている。そこで，WHOでは問題飲酒を早期に発見するためにアルコール使用障害同定テスト（AUDIT（オーディット）：Alcohol Use Disorders Identification Test）を作成した[13]。これは現在，世界的に最もよく使用されているテストである。AUDITは全部で10項目ある。最初の3項目はAUDIT-C（オーディットシー）といわれるもので，飲酒量を質問している。この合計得点が男性は4点以上，女性は3点以上を「飲酒に問題がある」と判定する。**表8.4**に示す酒類とドリンク数

表 8.4　酒類とドリンク数の目安

酒　類 （度数）	日本酒 （15％）	ウィスキー （40％）	ビール （5％）	缶酎ハイ （7％）	焼酎 （25％）	ワイン （12％）
酒　量	1合 （180 ml）	ダブル1杯 （60 ml）	中ビン 1本/ ロング缶 （500 ml）	1缶 （350 ml）	1合 （180 ml）	グラス1杯 （120 ml）
ドリンク数	2.2	2.0	2.0	2.0	3.6	1.2

純アルコール量〔g〕＝飲んだ酒の量〔ml〕×酒の濃度〔度数/100〕×0.8
ドリンク数＝純アルコール量〔g〕÷10

表 8.5　AUDIT-C

項目＼点数	0点	1点	2点	3点	4点
アルコール含有飲料を（お酒）をどのくらいの頻度で飲みますか	飲まない	1ケ月に 1度以下	1ケ月に 2～4度	週に 2～3度	週に 4度以上
飲酒するときには通常どれくらいの量を飲みますか	0～2 ドリンク	3～4 ドリンク	5～6 ドリンク	7～9 ドリンク	10以上 ドリンク
1度に6ドリンク以上飲酒することがどのくらいの頻度でありますか	な　い	月に 1度未満	月に1度	週に1度	毎日あるいはほとんど毎日
合　計					

〔出典〕　厚生労働省：標準的な健診・保健指導プログラム，平成30年4月

の目安を参考にして**表 8.5**のAUDIT-Cであなたの飲酒習慣をチェックしてみよう。

厚生労働省が提唱する健康日本21（第二次）では，節度ある適度な飲酒は1日平均純アルコールで約20g程度としている。これに相当する飲酒は1日2ドリンクということになる。女性の場合は，男性に比べてアルコールの分解能力が弱いことから，それよりも少ない量が望ましい。さらに，アルコールを体に入れない休肝日を週に2日設けるという習慣を付けることが大切である。なお，飲酒と喫煙のリスクが重なると，喉頭がん，咽頭がん，食道がんが増加するといわれている。お酒と末永くつきあうためにアルコールについて正しい知識をもち，節度ある飲み方を心がけてほしい。

8.6 大学生の生活習慣と依存

喫煙と飲酒の問題に共通することは，依存の危険性である。近年は，ギャンブル，ゲーム，ケータイ，危険ドラッグなどの新たな依存問題も出現している。このような依存は，すべて生活の中の「生活習慣」という行動を見直すことで予防することが可能である。大学生が自分の生活習慣に関心をもち，生活習慣がどのように持続してきたのか，これからどう持続するのかを考え，生涯にわたって健康で良き人生が送れるように健康管理に役立ててほしい。

引用・参考文献

1) 一般財団法人厚生労働統計協会：国民の衛生の動向 2019/2020，Vol. **66**，No.9（2019）

2) N.B. Belloc and J. Bresiow：“Relationship of physical health atatus and health practices”, Int.Prev.Med., Vol. **1**, pp.409 ～ 421（1972）

3) 厚生労働省 厚生科学審議会地域保健健康増進栄養部会 次期国民健康づくり運動プラン策定専門委員会：健康日本 21（第二次）の推進に関する参考資料（平成 24 年 7 月），
https://www.mhlw.go.jp/bunya/kenkou/dl/kenkounippon21_02.pdf （2019 年 1 月 7 日現在）

4) 厚生労働省健康局健康課：第 11 回健康日本 21（第二次）推進専門委員会資料（平成 30 年 3 月 9 日），
https://www.mhlw.go.jp/stf/shingi2/0000196943.html （2019 年 1 月 7 日現在）

5) World Health Organization：“Global Action Plan for the Prevention and Control of Non-Communicable Diseases 2013-2020”

6) 厚生労働省：平成 29 年国民健康・栄養調査結果の概要，
https://www.mhlw.go.jp/content/10904750/000351576.pdf （2019 年 1 月 7 日現在）

7) 舟橋蓮哉，藤丸郁代：“大学生活における朝食摂取の現状とその課題”，スポーツ保健医療学科 卒業研究論文集，第 **3** 巻，p.57（2016）

8）厚生労働省：健康増進法立案要綱，
https://www.mhlw.go.jp/topics/bukyoku/soumu/houritu/dl/196-02.pdf（2019 年 1 月 7 日現在）
9）欅田治樹，内山茂久，戸次加奈江，稲葉洋平："無煙たばこ，電子たばこ等新しいたばこおよび関連商品をめぐる課題"，保健医療科学，vol. **64**，No.5，pp.501 ～ 510（2015）
10）日本呼吸器学会：非燃焼・加熱式タバコや電子タバコに対する日本呼吸器学会の見解，
www.jrs.or.jp/uploads/uploads/files/.../hikanetsu_kenkai.pdf （2019 年 1 月 7 日現在）
11）藤丸郁代 他："大学生の生活習慣と喫煙・薬物に関する意識調査"，中部大学 大学教育研究センター，No.17，pp.145 ～ 151（2017）
12）厚生労働省：生活習慣病予防のための健康情報サイト　e- ヘルスネット，
https://www.e-healthnet.mhlw.go.jp/information/dictionary/tobacco/yt-048.html （2019 年 1 月 7 日現在）
13）小松 知己・吉本尚 監訳・監修：アルコール使用障害特定テスト，
http://oki-kyo.jp/who-audit-jp.pdf （2019 年 1 月 7 日現在）

あ と が き

中部大学は，1996 年に中部高等学術研究所を設置し，広域的で歴史的な課題を自由な発想で行う総合研究を開始した。国際的な問題にも積極的に取り組み，2003 年にはその出版活動に対して国連教育科学文化機関（UNESCO）から表彰された。

国連「ESD の 10 年」は，中部大学が進めていた大学教育改革の一つの中心課題と合致し，教育の地域化と国際化を促すものである。中部大学は ESD を推進する世界 50 を超える地域拠点（大学）の一つとして，2007 年 10 月に中部地域の ESD 推進拠点に認定され，地域および学内での ESD 推進を現在も積極的に行っている。2009 年 4 月に国際 ESD センターを設置し，学内外に対して ESD 活動を推進する役目を担った。この ESD 活動は，正規の授業のみならず，学生の自主的な活動，地域との連携活動，COP10（Conference of Parties 名古屋会議）への貢献，国際的な学術交流活動の多元的な活動を通してその目的を達成した。

中部大学が推進してきた「持続可能な社会づくり」には，より幅広い教養をもち，多様性社会の中で協働を実現できる人材が必要である。そこで中部大学では，ESD の教育と研究の考えを発展させ，中部大学発「持続学のすすめ」を提唱し，中部地域の「持続可能な発展」のための教育・研究活動を進めてきた。2008 年 10 月には「地球環境論」のオムニバス講義や独自の実践活動が評価され，課題探求型プロジェクト教育「持続学のすすめによる実践型人材の育成」が，平成 21 年度に文部科学省の大学教育・学生支援推進事業【テーマ A】大学教育推進プログラムに採択された。本プロジェクトは 3 年間の実施期間を経て，平成 23 年度末で終了し，平成 24 年度から現在まで全学共通教育の特別課題教育科目「持続学のすすめ」が開講されている。本取組みでは，5 学部のさまざまな専門分野の教員たちが，中部大学発「持続学のすすめ」の実現に向けて，文理融合の観点から，それぞれの講義とのつながりを考え，これまでの知識伝達型教育ではなく，考える力と創造する力を養い，「あてになる人間」育成に向けた新たな教育（特別課題教育）を全学部の学生を対象に，総合的かつ自己開拓的な教育プログラムを創造することをねらいとしている。「持続学のすすめ」をはじめとする特別課題教育プログラムは，ESDを実質化したといえる。

「持続学のすすめ」のステップ1は，いろいろな基礎科目を通して，幅広い視野で考えることができる人材を育成していくことである。

例えば，**図1**に示す科目の輪は，医学，地学，経営学，国際関係学，工学，生物学が複数の教員によって構成されており，各科目は「持続性」に関わるキーワードによってつながっている。これらの科目の輪を巡ることで，多様性や持続性の重要さへの理解を深め，自分の専門分野の立場を踏まえた意見や将来展望を描けること目指し，特に理系の学生にとっては先端研究の背景となっ

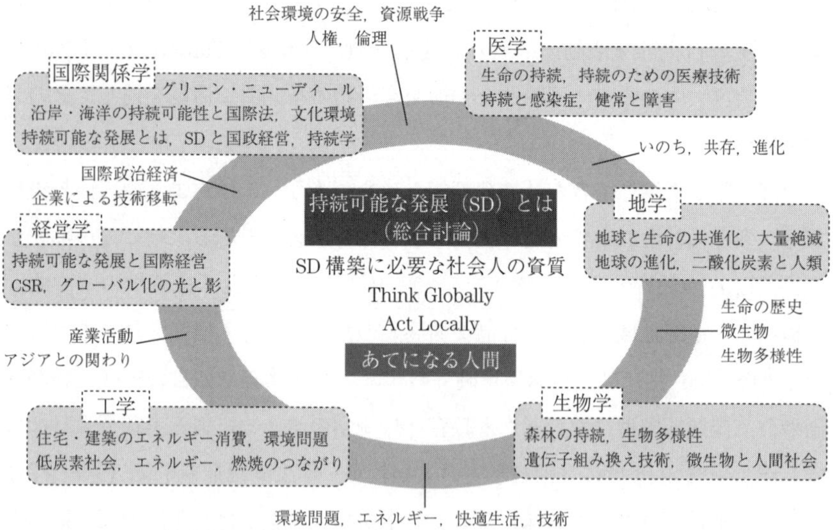

（各分野間に記載されている語句は分野間をつなげるキーワードを示す）

図1　「持続学のすすめ」の科目の輪

ている現場を理解し，技術開発の必要性を再認識する機会にもなる。

また，自分の意見や考えをレポートにまとめ，蓄積することで，自らの成長や特長に気づくことができる。ステップ1で，グローバル化する知識基盤社会において，「地球規模で考える力」を養い，さらに幅広い教養を身につけ，社会から期待される「あてになる人間」を目指していく。

「持続学のすすめ」のステップ2は，いろいろな実践活動を通して，人間性や協働力のある人材の育成を目指していくことである。

例えば，文系・理系の学生で混成チームを組み，さらには企業や行政・地域市民と連携し，さまざまな立場の人と協働することで，学生はただ知識を身につけるだけではなく，持続可能な社会を構築するために必要な責任感や積極性などの自己の資質向上を図ることができる。また，そのような「足元から行動する力」を養うことで，高い人間性や他者との理解力を含めた実践力をもつ「あてになる人間」を目指していく。**表1**に持続学の実践活動プロジェクトの例を紹介する。ステップ2では，グローバル化する知識基盤社会において，地球環境および地域社会の持続可能な発展のために必要な，共存の意義や多面的なものの考え方，幅広い教養を身につけ，社会から「あてになる人間」として期待される資質を養うことを目指す。

このような多様な教材の作製とオムニバス講義の実施および実践プロジェクトの充実，ポートフォリオシステムの開発などは多くの成果を挙げており，その成果は文部科学省平成25年度地（知）の拠点整備事業に採択された「春日井市における世代間交流による地域活性化・学生共育事業」の中にも教育実績として反映され，さらに新設科目として「地域共生実践」が開設された。また，課題発見・探求能力，実行力といった「社会人基礎力」や「基礎的汎用能力」など学生に身につけさせるための地域創生メディエータ†などの実践プロジェクトが進行した。これからも学生と教員が一体となって持続可能な未来に

† 企業が欲しい応用力が身につく，職業の適性がわかる，より良い職業選択ができる，就活時のアピールポイントになるなど，多くのメリットがあり，またこの実践が就職に直結する可能性もある。

表1　持続学の実践活動プロジェクトの例

	プロジェクト名	内　容
1	流体シミュレーションによる省エネルギー設計	3D-CAD/CAE ソフトウェアを用いて，省エネルギー化につながる乗り物のデザインに挑戦する。
2	障害者スポーツのすすめ	障害者スポーツは，年齢や性別だけでなく，障害の種類や程度に応じて「モノ（用具）」と「ルール」を工夫することでさまざまな人の参加が可能となり，その目的や楽しみ方もさまざまである。障害者スポーツを一緒に理解し，楽しんでいく。
3	森の健康診断	官学民協働の「人工林問題解決」のための現状調査プロジェクトである。一般市民と一緒に1日森に入り，簡単な調査をして実態を体感する。事前講習会により，初めての学生でも当日しっかり活動できる。
4	中部大学 ESD「白熱弘法塾」	月1回，勝川駅前商店街の会議室を舞台にして，学生が中心となって教員，商店街の店主や会社員，公務員，一般市民の人たちとともに東日本の震災・原発事故を振り返りながら，これからの持続可能な中部地域について議論する。
5	恐竜の時代バスツアー（野外教室）	福井県立恐竜博物館と各務原市地層を巡るバスツアーにより，地球の歴史の中で生命がどのように持続してきたのかを考える。
6	星と宇宙のロマンを探る手作り天体望遠鏡の製作	天体望遠鏡の製作を通して，惑星や星雲，星団などの観測方法や，宇宙の営みと人間とのつながりについて考える。
7	DME/BDF 燃料でジープを走らせよう	使用済みの天ぷら油を原料とした新しいクリーン燃料でジープを走らせる。
8	ひまわりでエネルギーを考える	ひまわりを栽培してバイオ燃料を作成する。作った燃料で発電実験を行う。建築でのエネルギー利用を学び，春日井まつりに参加して，市民とエネルギー問題を通した交流を行う。

向けて自ら考え，未来創造のために協働できる「あてになる人間」の育成に挑戦してゆきたい。

2020年1月

行本　正雄

索　　引

―― 編著者略歴 ――

1976年　大阪大学工学部精密工学科卒業
1978年　大阪大学大学院工学研究科修士課程修了（精密工学専攻）
1978年　川崎製鉄株式会社勤務
1997年　博士（工学）（大阪大学）
2000年　技術士（衛生工学）
2003年　JFEホールディングス株式会社（川崎製鉄・日本鋼管合併）勤務
2006年　中部大学教授
　　　　現在に至る

SDGs時代の 持続学のすすめ ―あてになる人間への挑戦―
Recommendation for Sustainability Study in the SDGs era

2020年2月10日　初版第1刷発行　★

検印省略

編著者	行本正雄
著者	古澤礼太
	工藤健
	上野薫
	金政真
	吉村和也
	山羽基
	平沢太郎
	河内信幸
	羽後静子
	伊藤守弘
	藤丸郁代
発行者	株式会社　コロナ社
	代表者　牛来真也
印刷所	萩原印刷株式会社
製本所	有限会社　愛千製本所

112-0011　東京都文京区千石4-46-10
発行所　株式会社　**コロナ社**
CORONA PUBLISHING CO., LTD.
Tokyo Japan
振替 00140-8-14844・電話(03)3941-3131(代)
ホームページ https://www.coronasha.co.jp

ISBN 978-4-339-06650-0　C3040　Printed in Japan　（柏原）